Paris

1802

Lancelin, Pierre Francois

Introduction à l'analyse des sciences, ou de la Génération, des fondements, et des instruments de nos connaissances

Tome 2

ROBERT 1964

INTRODUCTION

A L'ANALYSE

DES SCIENCES.

VERITÉ FONDAMENTALE.

Des sens, des sensations, des habitudes : voilà tout l'homme.

L'AUTEUR, première partie, page 442.

INTRODUCTION
A L'ANALYSE
DES SCIENCES,

Ou de la Génération, des Fondemens, et des Instrumens de nos connoissances.

PAR P. F. LANCELIN,

Ex-Ingénieur de la Marine française, Membre de la Société d'encouragement pour l'industrie nationale, de la Société galvanique, de la Société académique des sciences de Paris, de l'Institut départemental de Nantes, etc.

Au perfectionnement de la raison humaine.

SECONDE PARTIE.

DE L'IMPRIMERIE DE H. L. PERRONNEAU.

A PARIS,

Chez
- FUCHS, Libraire, rue des Mathurins.
- DUPRAT, quai des Agustins.
- FIRMIN DIDOT, rue de Thionville.
- LEVRAULT, quai Voltaire.

AN XI. — 1802.

PRÉFACE.

J'AI pris la liberté de dédier mon ouvrage à l'illustre chef du Gouvernement français qui, dans le rang suprême où son génie et la fortune l'ont placé, est le protecteur naturel des sciences, 1°. parce que je ne l'ai pas cru tout-à-fait indigne de paroître sous ses auspices; 2°. parce que je n'avois à lui demander que cette justice distributive due au dernier citoyen; 3°. parce que je n'avois pas de meilleur moyen de lui témoigner ma juste admiration et mon profond respect pour un grand homme et pour la première de nos sociétés savantes dont lui-même s'honoroit d'être membre. Mais je n'ai jamais prétendu occuper une place dans l'esprit d'un magistrat qui doit porter la France dans son cœur et le globe dans sa tête : et quoique j'aie eu l'honneur, il y a plus d'un an, de remettre moi-même en ses mains la première partie de mon travail, j'ignore encore ce qu'il a pu penser de mon offrande.

On pardonnera, sans doute, cet aveu public de ses vrais sentimens à un homme dont le caractère n'est rien moins que celui de courtisan ; je le devois à cette classe d'hommes qui, dans toute l'Europe, travaillent avec une noble indépendance à l'accroissement des sciences et aux progrès de la raison. Il n'est rien selon moi, je le dis sans détour, de préférable à l'estime et à l'amitié de ces juges éclairés du vrai mérite en tout genre : ils sont à mes yeux les bienfaiteurs et la lumière du monde, comme ils en sont le plus bel ornement : héros paisibles, ils ne brillent que par leurs conquêtes sur l'ignorance et l'erreur, et ces heureux triomphes ne coûtent ni larmes ni sang à l'humanité : législateurs de l'esprit humain, ils exercent la plus utile et la plus auguste des magistratures, et ce sont eux qu'à bon droit l'on pourroit nommer, ainsi que tous les grands philosophes qui les ont précédés, des *souverains éternels*.

Je n'attache point à mon travail plus d'importance qu'il n'en mérite, et j'ai déja dit que j'étois loin d'en être content ; ce n'est qu'une ébauche et le premier essai d'un jeune philosophe, auquel des savans et des philosophes du premier ordre ont daigné sourire : c'est pour eux, c'est pour moi sur-tout que j'ai fait un livre. Dans le dessein où je suis de faire la revue générale de nos connoissances et de consacrer à l'étude et au repos les restes d'une vie dont je gémirois de voir la meilleure portion perdue pour la philosophie, si elle n'eût été consacrée au service de l'Etat, j'ai senti qu'une excellente méthode me devenoit indispensable pour tirer le meilleur parti du tems qui me reste : j'ai donc commencé par sonder le sol sur lequel j'avois dessein de construire, et par jetter les fondemens de l'édifice que je voulois élever, en m'assurant d'abord de tout ce que j'avois dans la tête ; en essayant, suivant le conseil de Bacon, de recréer tout mon entendement ; en un mot, je me suis frayé à travers le monde intellectuel une sorte de grande route, à laquelle pussent aboutir, comme à un centre unique, toutes les routes partielles ou chemins de traverse qui peuvent conduire dans les diverses régions du beau pays de la vraie philosophie et de la vraie science ; et ce premier coup-d'œil jetté sur moi-même et sur l'univers, a donné naissance à mon premier ouvrage.

Longtems occupé d'objets étrangers à l'analyse de l'*entendement*, je ne connoissois, quand j'y ai mis la dernière main, que l'Essai de Loke, la Logique de Condillac, et un ouvrage intitulé Œuvres philosophiques et morales de François Bacon, traduit en français (je ne sais par qui), et imprimé en l'an 5 (1797), à Paris, chez Calixte Volland : mais j'ai retrouvé dans ces excellens écrits cette vive lumière que j'aime tant, et à laquelle j'étois accoutumé par l'étude approfondie de la géométrie et des sciences mathématiques, dont je faisois l'application journalière au premier des arts mécaniques. Ils m'ont donné l'idée de chercher si et jusqu'à quel point la forme du langage algébrique, ou mieux encore, l'esprit géométrique étoit applicable à toutes les sciences, et je me suis proposé ce problême général : *assujettir à des formules rigoureuses toutes les notions de l'esprit humain, si bien que la composition et la décomposition de toutes les idées puisse se réduire, autant que la chose est possible, à des opérations analogues aux opérations algébriques et numériques.* C'est alors que j'ai vu clairement que l'arithmétique, l'algèbre et toutes les sciences mathématiques n'étoient plus qu'un cas particulier du problême précité, appliqué *à la portion mesurable de nos idées*; que par conséquent la marche de l'esprit humain devoit être la même pour toutes les sciences; qu'en un mot il ne doit y avoir qu'*une méthode analytique*, comme il n'y a qu'*une Nature*, qu'*une raison*, qu'*une vérité*, qu'*une organisation humaine*; et qu'à l'aide de cette analyse universelle, on pouvoit parvenir assez promptement à embrasser d'une seule vue tout le globe des sciences à-peu-près comme l'œil saisit et parcourt une grande salle de spectacle à l'aide d'un seul lustre bien construit et bien placé. Comme j'ai suffisamment insisté sur cet objet dans la première partie de cet ouvrage, j'y renvoie mon lecteur.

Cette grande idée dont le germe appartient à Bacon, à laquelle d'Alembert, Diderot et les autres rédacteurs de l'Encyclopédie ont donné beaucoup d'extension, m'a paru susceptible de recevoir un nouveau jour, un nouveau développement; et je la crois si féconde, que je crains de ne pas vivre assez longtems pour rédiger et publier les idées dues à la fermentation qu'elle a excitée dans ma tête : mon projet est de les réunir toutes dans un seul ouvrage, que je me propose d'intituler : *Cours d'études complet* ou *Encyclopédie élémentaire et analytique*, mais pour l'exécution duquel je crains, je le répète, que ma vie ne soit trop courte. Au reste, si la mort me prévient, j'aurai du moins la consolation d'espérer que des hommes plus habiles ou plus heureux que moi achèveront et perfectionneront ce que je n'aurai pu qu'ébaucher.

Mais si je ne puis dire en mourant, comme Horace : *exegi monumentum ære perennius*, je pourrai toutefois me rendre ce témoignage consolant, que j'ai employé ce que la nature m'avoit donné de forces, à utiliser ce triste et court voyage que ses lois éternelles m'ont contraint de faire sur le globe, en laissant à mes semblables quelque trace honorable de mon existence.

Voyant bien qu'il m'étoit inutile, que même il m'étoit défendu d'avoir un peu de génie en qualité d'ingénieur de la marine, et de l'appliquer au perfectionnement de l'architecture navale, j'ai pensé qu'il me seroit du moins permis, en ma qualité d'homme, de travailler à perfectionner ma raison, et peut-être aussi par la suite la raison humaine : j'ai pensé que les mauvais plaisans ne pourroient traiter de songe-creux et de *métaphysicien nébuleux* un homme qui, par état et par goût, étoit géomètre et mécanicien ; et j'ai trouvé, en parcourant les profondeurs de l'entendement, que la bonne construction et la refonte des têtes humaines (et par suite l'amélioration du cœur humain) étoit un problême bien plus difficile et tout autrement important que la construction, la refonte et le radoub de nos vaisseaux ; qu'enfin si un vaisseau de ligne est sans contredit (en mécanique) le plus bel ouvrage des hommes, l'homme à son tour est (sur notre globe) le plus bel ouvrage de la nature ; c'est donc lui sur-tout qu'il importe de bien connoître ; *the proper study of mankind, is man :* et c'est à cela que je destine les restes de ma vie (1).

---

(1) Ce n'est pas que j'aie perdu de vue l'architecture navale, je l'aime trop pour cela ; j'ai même sur cet objet l'ébauche d'un assez grand travail où l'on trouve la solution de ce problême :

Faire des vaisseaux 1°. qui coûtent moins, 2°. qui arquent moins, 3°. qui durent plus, sans nuire à aucune de leurs qualités fondamentales (la stabilité, la vitesse, la force, la marche au plus près, la promptitude des évolutions, et une capacité convenable, etc.).

Mais pour publier un ouvrage aussi dispendieux, les moyens me manquent ; et pour les obtenir, il me faudroit jouer un rôle qui ne me convient nullement. Je ne renonce

La *science de l'homme* (base éternelle de la raison et de la vraie philosophie) se présente sous deux grands points de vue; ou, si l'on veut, contient deux grandes parties : 1°. la description exacte des élémens matériels et sensibles qui composent notre machine ; 2°. le tableau des sensations, des sentimens et des idées élémentaires, ainsi que le système des forces ou facultés intellectuelles et morales qui sont le résultat naturel et nécessaire de notre

---

pas néanmoins à mon projet, et je pourrai quelque jour le soumettre à celle des puissances maritimes de l'Europe qui voudroit en faire usage, en adoptant mes vues d'après un mûr examen.

Je n'ai pas besoin de dire que j'offre d'abord à mon gouvernement ce tribut de mes foibles talens; il est vrai qu'un intrigant très-vil et très-lâche, mon persécuteur, j'ai presque dit mon assassin, a su, par une honteuse *forfaiture*, me dépouiller d'un état que j'avois conquis dans un concours public, que j'ai (je l'ose dire) honoré pendant douze ans, et que je devois regarder comme une propriété sacrée : mais comme, à son grand regret, il ne m'a pas tué, il n'a pu faire aussi que le fruit des travaux des douze plus belles années de ma vie fût tout-à-fait perdu pour moi, et pour la république (maritime).

organisation. C'est là-dessus que se fondent l'art d'instruire, d'élever, de guérir et de gouverner les hommes (ou l'éducation, la morale, la médecine, la législation et l'économie politique); c'est-à-dire, l'ensemble des moyens propres à nous rendre aussi heureux ou aussi peu malheureux qu'il est possible. Il faut insister là-dessus, car l'ignorance ou le mépris de cette vérité fondamentale ont fait et pourroient faire encore le malheur du genre humain; et il me semble qu'au lieu d'injures, on devroit quelque reconnoissance et des encouragemens aux esprits bien faits et aux cœurs honnêtes livrés au soin de la mettre dans tout son jour.

La première partie de mon ouvrage étoit destinée à montrer la génération de nos idées et de nos facultés intellectuelles; elle offre de plus une démonstration assez étendue de l'*influence des signes sur la formation des idées*, ou les fondemens d'une grammaire philosophique et les principes généraux de l'art de raisonner. La seconde présente le développement des desirs, des besoins, des passions, des affections et des habitudes morales (dont l'ensemble s'exprime communément par ce terme abstrait *volonté*), avec quelques vues générales sur l'éducation, l'opinion, la religion, la législation et le gouvernement; sur les forces, dont l'ensemble produit le caractère, sur la toute-puissance de l'habitude, enfin sur la liberté et le bonheur; ce qui achève de completter le tableau de la faculté pensante: et comme ce tableau est le tronc sur lequel il faut *enter* l'arbre encyclopédique des sciences, il me conduit tout naturellement à présenter dans une troisième et dernière partie une nouvelle division de nos connoissances, que je crois plus philosophique que celles qui ont eu lieu jusqu'à ce jour, et qui d'ailleurs étoit devenue nécessaire par le progrès des lumières; car un pareil tableau n'est point invariable, et la marche de l'esprit humain exige qu'il y soit fait, de tems en tems, des changemens (*séculaires* ou *semi-séculaires*) subordonnés à ceux de nos connoissances, les grands hommes des siècles passés n'ayant pu si bien moissonner le champ du génie qu'il n'y reste encore beaucoup d'épis à glaner.

Tandis que je m'occupois de l'impression de cet ouvrage, commencée il y a près de trois ans, et toujours retardée par le manque de fonds, de santé, de loisir, etc.; il a paru plusieurs ouvrages intéressans, et dont les principaux sont ceux des CC. Cabanis, Thracy, Degerando et Maine Birhan (1). J'ai éprouvé un grand plaisir à la lecture de ces vrais philosophes, j'ai été ravi de la grande conformité de mes idées avec les leurs, et elle m'a de plus en plus convaincu que *la science de l'entendement* marchoit rapidement vers sa perfection, puisque tous les bons esprits convergeoient heureusement vers un même point. Enfin la seconde

(1) Je ne puis parler ici des ouvrages anatomiques et physiologiques des CC. Cuvier, Dumas, Bichat, Richerand, etc., que je regrette de n'avoir pu lire encore, mais dont je me promets bien de faire par la suite mon profit.

classe de l'Institut national qui, depuis cinq à six ans, a déja si fort contribué aux progrès de l'esprit humain, tant par les ouvrages qu'elle a produits que par ceux auxquels ses questions ont donné naissance, semble avoir voulu mettre la dernière main à son ouvrage par le problême qu'elle vient de proposer. Pour le résoudre on n'aura guère qu'à puiser dans les excellentes sources qui sont maintenant entre les mains du public, et la récapitulation de toutes les idées saines qu'elles renferment, fixera irrévocablement l'état de la science idéologique ; science qui, malgré le rire des insensés, les sarcasmes de l'ignorance, et le mépris apparent de gens qui ne sont pas de bonne foi, n'en est pas moins *la plus belle et la plus utile portion de l'histoire naturelle de l'homme.*

Il faudroit être bien sot ou bien vil pour rougir d'un titre dont s'honoroient Bacon, chancelier d'Angleterre ; le grand Frédéric, roi de Prusse ; Catherine II, impératrice de toutes les Russies ; Christine, reine de

Suède, etc., et qu'honorent depuis près de deux siècles les Descartes, les Newton, les Léibnitz, les Franklin, les Euler, les d'Alembert, les Voltaire, etc., etc.

Quoi qu'il en soit, pour ne pas perdre à l'avenir dans des discussions polémiques un tems que je crois pouvoir mieux employer, je déclare ici, une fois pour toutes, que prenant pour devise de tous mes ouvrages : *à la vérité et au perfectionnement de la raison humaine*, je marcherai d'un pas ferme et invariable vers ce but, dont rien ne pourra m'écarter : que préférant à tout, 1°. l'indépendance et le repos; 2°. l'estime et l'amitié de mes confrères (les philosophes et les gens de lettres), je serai toujours content de la portion de gloire ou de réputation qu'ils voudront me laisser, si petite qu'ils veuillent la faire (car je sens dans mon cœur l'heureux besoin d'aimer tout le monde, de n'envier personne, et de n'abhorrer que les *forfaits*); et que toujours prêt à prendre la plume quand l'amour du vrai, de l'honnête et du juste, ainsi que l'intérêt de la science l'exigeront, je m'impose à jamais la loi de ne répondre à rien de ce qui me seroit personnel et purement relatif à mes écrits, que du reste je tâcherai (par le soin que j'apporterai à leur rédaction et en m'efforçant de les composer uniquement de *raison* et de *vérité*) de mettre en état de répondre d'eux-mêmes à tous les assauts de la dispute, ou aux inculpations de la scélératesse et de la mauvaise foi.

Le *vrai philosophe* ou l'homme qui sait joindre la noblesse du caractère à la grandeur des vues, dédaigne les vils moyens par lesquels se fabriquent les réputations vulgaires : content de sa propre estime et nourri de sa propre substance, il n'a devant les yeux que le *genre humain*, l'*univers*, les *siècles passés*, *son siècle* et la *postérité;* en un mot, il ne voit devant lui et au-dessus de lui que la *Nature* et le *globe des sciences* : il ne demande à ses ennemis qu'une grace, c'est de ne pas employer, pour le faire périr, la calomnie, le poignard ou le poison; enfin il n'attend d'une certaine classe d'hommes qu'un seul bienfait, c'est *de le laisser vivre en paix*, et *de ne point défendre au genre humain de penser.*

INTRODUCTION

INTRODUCTION
A
L'ANALYSE DES SCIENCES.

SECONDE PARTIE,
OU
QUATRIÈME SECTION,

Offrant le développement de la volonté (ou force motrice des corps sensibles), et les fondemens des sciences morales et politiques.

CHAPITRE PREMIER.

Génération des passions et des habitudes morales; de l'amour de soi, premier principe moteur de l'homme.

INTRODUCTION.

JUSQU'ICI je n'ai envisagé les sensations et les idées primitives que comme élémens de nos connoissances, sans faire attention au plaisir et à la douleur qui les accompagne toujours; je n'ai considéré le cerveau que comme une glace qui les reçoit, les conserve et les réfléchit; je n'ai analysé que cette portion de la force motrice de l'homme qui consiste à les retracer et à les combiner, sans parler du levier qui la met en exercice, du motif qui nous porte à voir, à toucher, etc., à donner notre attention, à juger, à raisonner, en un mot à exercer tous nos sens, et à former et développer toutes les habitudes du corps, de l'esprit et du cœur. L'abstraction par laquelle j'ai pour un instant mis de côté le plaisir et la douleur qui se mêlent à toutes nos sensations étoit nécessaire pour nous donner une idée nette de l'entendement ou de l'intelligence pure : il faut présentement leur restituer ces deux élémens qui leur appartiennent, et considérant leur influence sur les divers mouvemens des machines animales, essayer d'analyser la *volonté* qui comprend le système entier de nos sentimens, de nos passions et de nos habitudes morales, comme l'*entendement* s'est trouvé être le résultat de nos idées, de nos habitudes et facultés intellectuelles (1).

C'est une chose bien étonnante et bien difficile à analyser, que cette force motrice attachée aux corps organisés et sensibles, et imprimant le mouvement à toutes leurs parties. Cette force commune à tous les animaux, varie dans chaque espèce à raison de l'organisation. L'homme, les quadrupèdes, les oiseaux, les poissons, les serpens, les crustacées, les insectes, ont tous dans leur construction primitive des différences qui en produisent d'analogues dans leur force motrice, comme dans leur intelligence, leurs besoins et leurs passions.

(1) Voyez première partie, page 159, etc.

Quel étonnant intervalle entre l'éléphant et la souris, entre la baleine et le goujon, entre l'aigle et l'oiseau-mouche! Et quelle admirable variété de sens, de sensations, d'instinct et de facultés correspond à tous les degrés, à tous les genres d'organisation dans cette chaîne immense d'êtres vivans épars sur le globe!

Produite et entretenue par le double mouvement de la respiration et de la circulation du sang, combinée constamment avec la pesanteur et soumise à l'action continuelle tant du mécanisme intérieur que des objets environnans, elle produit tous les mouvemens de l'animal, elle naît avec le corps organisé, croît avec lui, atteint avec lui un certain *maximum* après lequel elle diminue par degrés, et finit par s'évanouir lorsque le mouvement des fluides cessant dans l'animal par l'inévitable vieillesse, son corps n'obéissant plus qu'à la force générale de la pesanteur est rendu à la masse du globe dont il avoit été détaché pour quelques instans, et sert en se décomposant et se perdant dans la circulation et fermentation des corps terrestres, à former de nouvelles machines animales ou végétales destinées à se détruire ensuite de la même manière pour reproduire après de pareils composés. Elle n'est jamais plus énergique que dans la jeunesse ou le moyen âge et l'état de santé, car nous la sentons diminuer à mesure que nous vieillissons, que nos organes s'usent ou se durcissent, et quand nous sommes malades. C'est alors que nous sentons tout le poids d'un corps qui va bientôt nous échapper, ou auquel nous allons échapper nous-mêmes : elle s'augmente et se perfectionne par l'exercice, car les hommes occupés à des travaux pénibles, aux fatigues de l'art militaire, aux exercices gymnastiques, etc., sont plus propres à porter des fardeaux, à soulever de grandes masses, à faire de longues courses, etc. Elle acquiert par la danse et l'escrime un développement brillant que nous admirons dans (1) Vestris et (2) St.-Georges. Elle est répandue dans toutes les parties du corps sensible qui ont chacune leur façon de sentir et d'agir, mais c'est du cerveau (centre des plus nobles organes) que paroît émaner l'action principale qui se subdivise ensuite avec le systême des nerfs et des muscles dans tous les membres : ces objets extérieurs agissent d'abord sur les sens ; cette action se transmet rapidement au cerveau, centre des idées, puis au cœur, centre des sentimens, et passe de là dans toutes les parties du corps sensible, qui, par l'aiguillon du plaisir et de la douleur, de l'espérance et de la crainte, se trouve porté vers certains objets et repoussé loin des autres. Les effets de la volonté sont rendus visibles par les mouvemens et habitudes de mouvemens de toutes les parties des corps animés : mais comment un corps devient-il sensible, et doué de la faculté de se mouvoir ; comment cette force incompréhensible se distribuant dans toutes les ramifications musculeuses,

(1) Fameux danseur.

(2) Homme très-connu par sa grande habileté dans l'escrime et dans presque tous les exercices du corps.

et faisant jouer ensemble ou séparément les divers muscles et faisceaux de muscles va-t-elle remuer sûrement et comme par autant de fils toutes les parties articulées et mobiles des corps vivans; comment mon bras, ma main, mes doigts obéissent-ils à chaque ordre séparé et distinct de la volonté? Comment expliquer la multiplicité, la rapidité et la précision des sons et mouvemens que forme l'habile musicien qui exécute un concerto de Viotti? Ce sont là des questions bien simples, mais auxquelles Newton répondoit par ce modeste et naïf aveu, *je n'en sais rien*, et auxquelles je crains bien qu'on ne soit jamais en état de répondre. La réponse, si elle a lieu, sera donnée par le dernier perfectionnement de la chimie, de l'anatomie, de la physiologie, etc., en un mot de l'analyse physique et morale de l'homme. Le seul moyen de tenter avec quelque succès dans l'état actuel de nos connoissances l'analyse de cette force compliquée et variable est donc de remonter à la génération de toutes nos habitudes morales : essayons.

Dès que l'enfant est suffisamment organisé pour recevoir des sensations, il en reçoit d'agréables et de désagréables ou, si l'on veut, de bonnes et de mauvaises; il ne tarde pas à être en état de les distinguer, comme nous le prouvent ses pleurs, ses cris, ses angoisses, sa tranquillité, ses mouvemens de joie, ses petits transports, etc.; car dans nos premières sensations nous sommes passifs, et nous jouissons ou nous souffrons sans pouvoir éviter l'un plus que l'autre; seulement nous témoignons par l'agitation et les larmes que nous sommes mal, et par la sérénité et le sourire que nous sommes bien : les premiers signes sont déja l'expression de la volonté naissante qui repousse la douleur, et les seconds, l'expression de cette même volonté qui sent et appelle le plaisir ; et il se forme peu-à-peu en nous une force attractive pour les sensations dont l'ensemble compose (1) le *bien-être*, et une force ré-

(1) Parmi nos sensations, il n'en est pas d'indifférentes : celles qui nous semblent telles ne le sont que par comparaison avec d'autres beaucoup plus vives, et qui nous les font compter pour rien ; mais elles nous paroîtroient aussi précieuses qu'elles nous semblent nulles, si elles étoient les seules auxquelles nous fussions réduits. L'on ne sent bien tout le prix de ces dernières qu'autant qu'on est privé des autres : dans l'abondance des plaisirs, de foibles jouissances ne sont rien pour nous ; elles sont tout pour l'homme qui éprouve beaucoup de privations : c'est ainsi qu'un prisonnier peut faire alors ses délices de l'éducation d'une araignée, ou s'amuser de la société des plus vils animaux qui partagent sa prison. De même ce qui n'est point une peine pour l'homme accoutumé aux privations ou très-borné dans ses jouissances, en est souvent une grande pour le riche, habitué à l'abondance, aux commodités, aux plaisirs, aux superfluités ; et voilà ce qui rend si précieux pour l'un le passage de l'infortune où de l'état de besoin à la richesse, et si insupportable pour l'autre celui d'une grande fortune à la pauvreté ou même à la médiocrité.

Les sensations du toucher et du goût sont plus que les autres accompagnées de plaisir et de peine ; elles nous intéressent plus vivement, plus immédiatement que les sons et les couleurs ; elles enveloppent tous les besoins de première nécessité ou ceux relatifs à notre conservation (la nourriture, le logement, le vêtement, le besoin de se soustraire à l'excès de la chaleur ou du froid, etc.) ; au lieu que le bruit, l'aspect ordinaire des objets qui nous environnent et avec lesquels nous

pulsive pour celles dont la somme forme le *mal-être*. Ainsi dès que l'homme est sensible, il gravite

---

sommes familiarisés ne fait sur nous que fort peu d'impression ; mais ce n'est jamais que la grande habitude qui nous rend certaines sensations indifférentes ; nous sentons qu'elles ne le sont point de l'instant où nous en sommes privés. Les idées de forme, de poids, d'étendue et relatives à la géométrie, à la mécanique, à l'astronomie, la plupart des notions abstraites et complexes nous affectent peu, cependant elles sont accompagnées de plaisir puisqu'elles sont la base de ces méditations qui en procurent de si constans et souvent de si vifs au géomètre, au mécanicien, à l'astronome : la possession de ces connoissances est une source de jouissance pour ceux qui les ont, et une source de regrets pour ceux qui en sont privés. En général l'exercice de nos sens, de nos facultés, est toujours un plaisir quand il est exempt de peines.

Le système total de nos sensations peut donc se diviser en deux grandes parties, formées l'une d'élémens agréables composant le *bon* et le *bien*, l'autre d'élémens désagréables d'où résultent le *mauvais* et le *mal*, On pourroit ici distinguer 1°. des *jouissances physiques* produites par l'exercice immédiat des sens extérieurs, et des *jouissances morales* résultant de l'exercice des facultés intellectuelles, et composées d'idées et de sentimens ; 2°. des *besoins physiques* et des *besoins moraux* ; 3°. le *bien* et le *mal physique*, et le *bien* et le *mal moral* : mais comme nos idées et nos sentimens sont des sensations réelles (voyez première partie, page 43 et suivantes) qui ne diffèrent des sensations proprement dites que par la différence des organes qui les transmettent, et dont l'un le *cerveau* est intérieur tandis que les cinq autres sont extérieurs ; comme d'ailleurs ils ont besoin pour se manifester, se communiquer et s'accroître des secours du dessin, de l'écriture et de la parole, qui n'ont lieu que par l'exercice de l'œil, de la main, etc., j'en conclus que cette distinction du *physique* et du *moral* (quoique commode et propre à rendre les deux grands points de vue sous lesquels tour-à-tour on envisage l'homme) n'est pas au fond aussi nécessaire qu'on pourroit le croire : qu'on sente par l'œil, par la

vers le bonheur et fuit le malheur par une force contraire, et c'est là le double levier que la nature emploie pour le conduire à ses fins. Depuis l'instant de sa naissance jusqu'à sa mort, il louvoie, pour ainsi dire, continuellement entre ces deux forces, dont l'une le pousse vers le rivage de la jouissance et du plaisir, et l'autre l'éloigne de celui de la souffrance et de la douleur.

A mesure donc que l'enfant connoît divers objets, il en aime et recherche quelques-uns, et hait, rejette et fuit les autres : ses penchans se forment ainsi en même tems que ses idées et varient comme elles; plus il a connu de choses différentes, plus il a de penchans divers.

L'image ou l'idée d'un objet reconnu pour bon, ou qui fait plaisir, excite en nous une tendance au mouvement vers lui : j'appelle *desir* ce premier élément de la force nommée volonté, ce mouvement initial ou virtuel qui nous porte vers un objet, soit que nous cédions ou que nous résistions à ce commencement d'impulsion, et je le nomme *positif*, parce qu'il tend à faire avancer notre corps vers l'objet desiré (1).

---

main, par le cerveau, etc., l'effet est toujours le même, seulement l'organe qui le produit est différent; il n'y a donc et il ne peut y avoir dans l'homme et les animaux que des sensations.

(1) Le desir peut encore se définir *la direction actuelle de l'ame vers un objet précis, ou un systême d'objets déterminés*; mais alors, si l'on veut s'entendre, il faut se souvenir que l'ame n'est que la réunion de nos sens et de nos facultés.

L'idée d'un objet reconnu pour mauvais, ou qui fait du mal, excite en nous une tendance au mouvement en sens contraire (c'est l'aversion). Cette tendance est encore si l'on veut un desir, celui d'éviter ou de repousser la douleur; mais alors il faut l'appeler *négatif*, parce qu'il tend à nous éloigner de l'objet qui nous répugne : ainsi l'on peut dire que le nombre des desirs positifs est proportionnel au nombre des objets reconnus pour bons, comme celui des desirs négatifs l'est à celui des objets reconnus pour mauvais.

Nos *besoins* sont ou le résultat nécessaire et primitif de l'organisation, ou la somme des desirs habituels qui nous portent vers les objets jugés nécessaires à notre conservation, à notre bien-être, à notre état, à nos occupations, à nos plaisirs, etc. Les premiers, les plus pressans, sont donc indépendans de nous; ils nous sont donnés par la nature, et résultent du mécanisme intérieur, ou ils se font sentir par un aiguillon ou malaise qui nous avertit de les faire cesser si nous voulons ne pas souffrir davantage, et prévenir le dérangement ou la destruction du corps; tels sont les besoins de la soif, de la faim, du sommeil, de l'amour, etc., et en général celui de se maintenir dans un état de nonsouffrance ou de plaisir, lequel renferme tous les autres. — Les seconds, qui ne nous affectent pas aussi vivement, aussi constamment, sont factices pour la plupart, et résultent des habitudes que nous nous donnons à nous-mêmes. Nous pouvons donc les faire cesser comme nous les avions fait naître en détruisant ces habitudes, ce qui a lieu en cessant de faire ce que nous avions fait pour les former, ou en formant des habitudes contraires (1).

Pressés par la force des besoins naturels et primitifs, nous cherchons avidement tout ce qui peut les satisfaire, et c'est alors que nos idées de toute espèce se multiplient, et que nos goûts, nos penchans, nos passions et nos habitudes en tout genre prennent un développement toujours croissant avec celui de nos connoissances, car nous avons naturellement un besoin général et indéterminé de tout ce qui peut flatter nos sens, et nous sommes toujours prêts à faire et à répéter tous les mouvemens qui peuvent nous procurer les divers élémens du bien-

(1) Observons en passant que cet axiôme *ignoti nulla cupido* (on ne peut desirer ce qu'on ne connoît pas) n'est applicable qu'à cette féconde classe de besoins qui suppose toujours la connoissance des objets : en effet les premiers agissent souvent indépendamment de toute idée acquise ; c'est ainsi que les animaux à peine nés sont portés par la force de l'instinct ou une sorte d'impulsion mécanique résultant de l'organisation vers le sein de leur mère dont ils expriment le lait qui doit les nourrir. — La jeune vierge dont le cœur naïf commence à ressentir l'amour, sent qu'il manque quelque chose à son bonheur, sans savoir au juste ce que c'est; elle desire alors ce qu'elle ne connoît pas. Il en est de même de la plupart des hommes qui soupirent après le bonheur, sans trop savoir en quoi il consiste ; presque tous poursuivent et adorent des chimères, et sont prosternés devant des dieux qu'ils ne connoissent point, et pour qui souvent on les a vu sacrifier leur vie : mais en général le desir paroît différer du besoin, en ce qu'il suppose toujours l'idée de l'objet propre à le satisfaire, tandis qu'il est des besoins sans idée : ceux-ci sont le produit immédiat du mécanisme animal.

être et du plaisir vers lesquels nous nous portons dès qu'ils nous sont connus, et continuons à diriger nos facultés tant que leur jouissance est à notre portée ou qu'ils sont en notre possession.

Les *passions* sont des chaînes formées d'idées, de desirs et de besoins : leur force est proportionnelle à la quantité, à l'énergie et à la continuité de leurs élémens ; elle dépend de la vivacité, de la fréquence avec laquelle l'imagination retrace les objets desirés qui leur servent d'aliment ; elles naissent, croissent, se fortifient avec le tempéramment. Les besoins et les facultés atteignent avec eux et par eux leur plus haut degré d'énergie, pour diminuer et se rallentir ensuite à mesure que l'on avance en âge, s'évanouir peu-à-peu par l'extinction des forces, des idées et des desirs, et finir avec la destruction du corps sensible. — Les desirs, premiers élémens de la volonté, des passions et de l'amour de soi, sont d'autant plus violens, que nous avons plus besoin des objets auxquels ils sont relatifs, que nous savons ou croyons qu'ils peuvent nous rendre plus ou moins heureux ; je dis croyons, car notre imagination, cette antique mère d'illusions et d'erreurs, ne suppose que trop souvent dans les objets une source de bonheur qui n'y est point ; c'est alors une chimère que nous ne souhaitons et ne poursuivons pas avec moins de force que la réalité, jusqu'à ce que nous ayons été détrompés ; ils varient encore à raison de la distance des objets souhaités, et de la facilité plus ou moins grande que nous avons pour les rapprocher de nous ou nous rapprocher d'eux. En général l'énergie des desirs annonce la vigueur de l'ame, comme la promptitude et la facilité des mouvemens musculaires annonce la force du corps, et le grand appétit la bonne santé ; leur affoiblissement indique la décadence de l'ame et du corps : c'est une expérience que chacun peut faire dans les maladies physiques et morales. L'homme livré aux douleurs, aux chagrins, aux ennuis, conserve à peine une foible partie de son existence ; il ne la retrouve que quand il sent renaître avec la santé, l'aiguillon des passions ; en un mot, desirer, c'est vivre, c'est jouir ; et être sans passions, c'est être déja mort. Pour être heureux, il faut donc se ménager un grand fond de desirs raisonnables et aisés à satisfaire : c'est un magasin de jouissances, d'où l'on peut chaque jour en tirer quelques-unes sans jamais l'épuiser.

L'on a donc naturellement autant de desirs et de besoins que l'on connoît d'objets propres à donner des jouissances ; et comme le nombre d'objets connus ou à connoître en ce genre peut s'étendre presqu'à l'infini, par la voie du commerce, les produits toujours croissans de l'agriculture et de l'industrie, par l'étude, les voyages, l'observation et les expériences de tout genre, enfin par les progrès indéfinis de la civilisation, il s'ensuit que l'amour du bonheur toujours croissant chez l'homme civilisé est à-peu-près sans bornes (au moins assignables).

Tandis que l'animal ne connoît pas beaucoup d'objets agréables, il est presque sans desirs, sans besoins et sans passions ; mais à mesure qu'il en découvre de nouveaux, il éprouve à l'instant la volonté d'en jouir, et cette volonté est un besoin (1); ce besoin, s'il est satisfait, devient *jouissance;* dans le cas contraire, c'est le *malaise* qui est suivi ou accompagné d'une agitation intérieure que je nomme *inquiétude.*

Pour sortir de cet état, l'animal se retourne en tous sens; il emploie, pour réussir, toutes les ressources de son corps et de son esprit, toute l'énergie de sa volonté. Tandis qu'il croit pouvoir réussir dans l'exécution de ses projets, dans la possession d'un objet desiré ou la conservation d'un objet possédé, il éprouve ce sentiment que l'on nomme *espérance;* si la possibilité du succès diminue ou devient douteuse, il éprouve la *crainte;* si elle s'évanouit tout-à-fait, il ressent le *désespoir*, qui est plus ou moins violent suivant qu'il s'étoit promis plus ou moins de jouissances de l'objet en question, ou que la privation lui en a fait perdre davantage.

Le *remords* est ce sentiment douloureux que l'homme éprouve lorsqu'il voit qu'il s'est trompé dans la recherche d'un bien, qu'il a été le jouet d'une illusion, ou que par un procédé contraire

---

(1) Cela est confirmé par l'exemple des enfans et de presque toutes les peuplades naissantes ou formées de ces hommes que nous appellons *sauvages* : leur premier mouvement est de vouloir s'emparer des objets de curiosité et d'utilité que les voyageurs et les navigateurs européens étalent à leurs yeux : ce sont de grands enfans toujours prêts à porter la main sur tout ce qui leur fait plaisir. Voyez les Voyages de Cook, de Bougainville, de Levaillant, etc.

aux lois naturelles ou civiles, il s'est fait du mal en voulant nuire aux autres, en suivant trop le premier mouvement de ses passions, en s'y livrant avec excès, etc. L'homme qui raisonne toujours bien n'a donc pas ou ne doit pas avoir de remords, puisque la raison est la mère de la bonne conduite, et que la justice n'est que la conformité de nos actions avec la raison, et la bonne conscience le sentiment habituel de cette conformité ; et l'être méchant et malheureux n'est qu'un mauvais calculateur (du moins ne seroit-il jamais que cela dans une société bien organisée) ; conséquence évidemment favorable aux progrès des sciences et de la civilisation ; les hommes seront meilleurs et plus heureux à mesure qu'ils seront plus réellement instruits, mieux élevés, et mieux gouvernés.

L'animal, en se portant vers les objets de ses jouissances, rencontre souvent des obstacles ; alors il éprouve des sentimens et mouvemens intérieurs plus ou moins violens, nommés *impatience*, *dépit*, *jalousie*, *haine*, *fureur*, etc., sur-tout quand ces obstacles sont des êtres de son espèce, qui lui disputent le bien qu'il desire. Si ce sont des êtres inanimés ou plus forts que lui, il les évite ou travaille d'une façon plus ou moins tranquille à les écarter ; dans le cas contraire, il les combat.

La *haine*, prise dans son sens le plus étendu, est une aversion générale contre tout ce qui peut blesser nos sens, nous occasionner de la douleur, ou nous dérober des jouissances, comme l'amour (envisagé de même) est le desir constant de tout ce qui peut les flatter ou nous procurer des plaisirs. Le premier sentiment restreint à nos semblables, est le desir du mal d'autrui, ou celui de se venger des gens dont on a ou dont on croit avoir à se plaindre, car il est des haines dont l'objet ou la cause sont imaginaires : quelquefois ce sentiment reste caché et comme endormi au fond des cœurs, c'est alors le *ressentiment*; mais souvent il fait explosion au-dehors, et s'exprime fortement par la voix, le geste, l'attitude du corps et les traits du visage; alors il prend les noms de *dépit*, de *colère*, d'*indignation*, d'*emportement*, de *fureur* ou de *rage*, etc., suivant le degré de promptitude et violence avec lequel il se manifeste, et la gravité du motif qui le produit : mais mon dessein n'étant pas d'entrer ici dans le détail fort délicat des diverses nuances de nos sentimens et de nos passions, il me suffit de bien caractériser quelques-unes des principales.

La jouissance présente, jointe à l'espoir et à la faculté de jouir encore, laisse en nous un sentiment plus ou moins vif qui d'ordinaire s'épanouit agréablement à l'extérieur, c'est la *joie*. Ce sentiment, comme tous les autres, a ses nuances et ses degrés : la joie la plus pure et la plus durable est ce paisible contentement naissant de la possession d'une fortune médiocre mais assurée, de l'équilibre des passions, et de la libre et pleine jouissance de ses facultés : santé, liberté, paix et travail sont à mes yeux une mine inépuisable de joie et de bonheur.

L'*allégresse* est une joie vive, éclatante et passagère ; elle se manifeste ordinairement dans les fêtes publiques ou particulières, dans les festins, dans les cercles, dans les grandes réunions d'hommes, et à la nouvelle de quelque grand succès : placée çà et là dans la vie pour charmer les soucis et les peines des malheureux humains, elle ressemble assez aux rayons d'un beau jour perçant à travers les nuages d'un ciel plus souvent obscur que brillant. — La *gaîté* est une joie douce et modérée qui, transformée en habitude, forme un élément précieux de notre caractère ; c'est un sûr moyen d'intéresser et de plaire, sur-tout lorsqu'il est accompagné de l'esprit.

La *tristesse* est ce sentiment douloureux opposé à la joie, qui provient des souffrances du corps, des peines de l'esprit et du cœur, de l'ennui, des remords, etc., et en général de la perte d'un bien, ou de la crainte de perdre un objet possédé ou seulement espéré (car l'espoir est déja un commencement de bonheur et de jouissance) : elle est plus ou moins profonde suivant la grandeur du bien perdu, et le degré de bonheur que nous recevions ou que nous attendions de l'objet en question, suivant la force de l'habitude qui nous attachoit à lui et nous l'avoit rendu plus ou moins nécessaire, ou selon que l'imagination nous en grossissoit les avantages. Le meilleur moyen de n'outrer ni la tristesse ni la joie, est de voir les choses telles qu'elles sont, et de n'attendre de chacune que le juste degré de plaisir ou de peine qu'elle peut donner ; c'est encore là un des nombreux avantages que procure une raison très-perfectionnée. — L'effet de la tristesse, sur-tout quand elle se prolonge ou devient habituelle, est de produire dans le système de nos facultés physiques et morales un affoiblissement que l'on peut nommer *abattement*. Si le plaisir modéré et une volupté douce et continuelle sont le gage assuré d'une longue vie, les soucis et les chagrins en sont le bourreau, et une des causes les plus communes de mortalité.

La vue du bonheur, des talens, des succès et de la gloire d'autrui, ou la simple persuasion qu'on est moins riche, moins honoré, moins considéré que les autres avec le même droit de l'être, excite dans l'homme un sentiment pénible nommé *envie :* on est d'autant plus envieux, qu'on est moins content de son sort, qu'on est moins sujet d'être satisfait de soi et des autres, ou que faute de se faire une idée juste du bonheur des différentes conditions, on se laisse plus aller aux mouvemens d'une imagination ardente, toujours prête à exagérer le bonheur d'autrui et à diminuer le nôtre. Les hommes supérieurs qui se nourrissent abondamment de leur propre substance, les savans livrés entièrement au soin de développer leur génie, connoissent peu cette vile et douloureuse passion qu'ils excitent plus qu'ils ne la ressentent ; il en est de même des jeunes gens qui conservent encore l'espoir et le pouvoir de se distinguer ; mais pour qui a perdu l'un et l'autre, un mérite transcendant devient insupportable. Alors il n'est rien qu'on ne mette en usage pour ternir un éclat qui blesse les yeux ; l'envie et la calomnie répandent à grands flots leur venin, et les hommes possédés de cette passion semblent vouloir ajouter à leur mérite ce que dans leur délire ils ont cru pouvoir retrancher de celui des autres.

Le desir d'égaler ou même de surpasser par des moyens honnêtes la fortune et la réputation des autres, est un sentiment louable qu'on nomme *émulation* : c'est en quelque sorte une envie raisonnable et contenue dans de justes bornes ; c'est le germe créateur des talens ainsi que des vertus, et il me semble que l'on eût pu se dispenser de mettre en problême *si l'émulation est un bon moyen d'éducation*. L'exemple des siècles ou l'histoire de l'homme jointe à un moment de réflexion sur sa nature et celle des animaux peuvent mettre tous les gens sensés en état d'y répondre : révoquer en doute les heureux effets de cette passion bien réglée, c'est méconnoître la mère de l'esprit et du génie, ce levier tout-puissant de l'honneur et de la gloire dont les gouvernemens (même ceux qui ont cherché à égarer l'opinion publique ou à la fonder sur des bases peu raisonnables) ont su, dans tous les tems, tirer un parti si avantageux. Enfin je crois qu'on ne peut guères élever sur ce mot *émulation* qu'une dispute de mots que comme tant d'autres l'on pourroit éviter par une définition exacte consignée dans un dictionnaire philosophique. Au reste l'Institut national, en décernant un prix à l'auteur du mémoire qui développe les avantages de l'émulation, a fait assez connoître ce qu'il pensoit là-dessus, et son opinion ne peut manquer d'être d'accord avec le suffrage de tous les savans chez tous les peuples civilisés.

Le desir de posséder seul un bien dont on est propriétaire ou auquel on aspire, accompagné de la crainte de se le voir ravir ou d'être obligé de le partager avec un autre, donne naissance au sentiment de la *jalousie* : ce mot s'emploie sur-tout lorsqu'il s'agit de la possession d'une femme ou d'une maîtresse; alors la passion qu'il exprime est commune à l'homme et à plusieurs classes d'animaux. Cette triste et cruelle frénésie, est un des plus grands ennemis de l'homme, un des plus grands obstacles au bonheur des époux et des amans, et celui qui a de grandes dispositions à ce mal fera très-bien de ne pas courir les chances de l'amour et de l'hymen. Le mot jalousie est quelquefois synonime d'*envie* ; alors il est censé exprimer la fâcherie ou douleur qu'excite en nous une supériorité réelle ou supposée d'avantages, de privilèges, de fortune et d'honneurs, etc. dans nos semblables.

L'*ambition* (ce vaste ensemble de passions) est un desir violent et habituel de s'élever au-dessus des autres, de les surpasser en esprit, en richesses, en crédit, en pouvoir, en talens : c'est une vertu dans l'homme qui n'emploie pour s'élever que des moyens louables, son travail, son génie et ses propres forces ; c'est un vice abominable quand, pour la satisfaire, on a recours à toutes sortes de moyens. Cette passion est noble, grande et raisonnable, sur-tout lorsqu'elle a pour but les découvertes dans les sciences et dans les arts, le perfectionnement des lois, l'amélioration du commerce, de l'industrie et de la fortune publique, la construction des grands monumens, des canaux, des aqueducs, etc., etc., en un mot l'exécution de tous les travaux utiles : quand elle a pour but les conquêtes, c'est le fléau de l'espèce humaine; elle devient petite, méprisable et ridicule lorsqu'elle se propose de trop petits objets : en général, pour n'être pas dangereuse, elle ne devroit jamais avoir en vue que la gloire ou l'utilité publiques; c'est là le but vers lequel le législateur doit la diriger chez les autres comme chez lui-même. — Par malheur il est des hommes d'une telle avidité, qu'ils voudroient envahir l'universalité des talens, des richesses, des honneurs et des plaisirs : de tels gens sont une peste dans la société; et quand ils sont revêtus du pouvoir, cette passion peut les conduire aux crimes les plus atroces. Heureux celui que son état, sa fortune et son esprit placent dans ce juste milieu où l'on n'éprouve ni la honte du mépris, ni le supplice ou les persécutions de l'ambition et de l'envie.

L'*orgueil* est un sentiment qui naît de la persuasion bien ou mal fondée de l'étendue ou de la supériorité de son mérite : c'est un vice qui dégénère en sottise dans les petites ames, mais qui, dans les grands génies, est l'aliment de leurs forces, souvent l'unique récompense de leurs travaux, et le plaisir fortement prononcé que donne une juste appréciation de ce que l'on vaut, ou le résultat impartial d'un grand nombre de comparaisons du mérite des autres avec le sien : dans tous les cas ce sentiment, légitime ou non, ne doit point se manifester; il blesse trop l'amour-propre de ceux que l'on condamne au supplice d'entendre un homme se louer lui-même, il faut donc le cacher sous le voile de la modestie : or l'homme de mérite réputé modeste, est celui qui sait le mieux déguiser, sous les dehors de la bonhomie et de la simplicité, le jugement qu'il porte sur lui-même.

La *modestie* n'est donc par fois qu'une hypocrisie décente de la part des hommes qui sentent leur supériorité; mais on peut dire qu'elle est le sentiment habituel et profond de quiconque connoît l'histoire de l'homme et de la nature. Il est permis à quelques personnes d'être fières en se comparant aux êtres de leur espèce, et de sentir qu'elles occupent un des premiers rangs. Mais qui peut n'être pas modeste en regardant l'univers? Qui peut, en voyant la juste place qu'il occupe dans l'espace, le tems et la nature, n'être pas accablé du sentiment de sa petitesse? Être orgueilleux en pareil cas, ce seroit être ou bien sot, ou bien fou : le sentiment de ce beau idéal, dont nous sommes toujours si loin, vient se joindre à celui de la majesté de la nature pour réprimer notre orgueil; et en général l'homme qui a le plus médité et le plus connu, est, toutes choses égales d'ailleurs, le plus modeste. Les meilleurs écrivains, les premiers artistes, et les hommes les plus vraiment distingués en tout genre, se sentent si loin du modèle idéal de perfection qu'ils ont conçu, qu'il ne leur arrive presque jamais d'être contens d'eux-mêmes. En se comparant à ce qui est, on peut sentir quelqu'orgueil ; en se comparant à ce qu'on pourroit ou à ce qu'on devroit être, on est nécessairement modeste. Un homme peut être grand devant un individu ou même devant son espèce, mais tous les hommes sont des infiniment petits devant la nature qui est l'*infiniment grand* (1).

La *vanité* est une sorte d'orgueil que donnent la jouissance des petites choses, des petits talens, d'un petit mérite, et la possession d'un grand nombre d'objets extérieurs dont on se sert pour suppléer, par beaucoup d'étalage et d'enflure, au défaut d'un mérite réel.

Ce vice que l'on pourroit définir l'*effort continuel d'un pygmée ou d'un nain pour paroître un géant*, est l'ordinaire apanage des cerveaux étroits ; il est totalement étranger aux esprits étendus, aux grandes ames qui, nourries habituellement de sentimens nobles, d'idées sublimes ou de projets utiles, n'ont besoin que de se montrer ce qu'elles sont, pour commander et obtenir l'estime de quiconque sait les apprécier ; tandis que l'homme vain, qui sait ce qui lui manque, voudroit toujours en imposer aux autres, en leur persuadant qu'il est ce qu'il n'est pas. Pour cela, il parle sans cesse et avec complaisance de lui-même, de sa famille, de ses ancêtres,

---

(1) Quelle exagération impardonnable ! Quelle flatterie dans cet éloge d'un grand écrivain (*majestati naturæ par ingenium*) placé au pied de sa statue érigée de son vivant !

de ses protecteurs, des gens en place qu'il nomme ses amis, de ses sociétés, de ses aventures et bonnes fortunes, du bonheur qu'il a d'être par-tout convié, fêté, chéri, de ses maîtresses, de ses équipages, de ses dîners, etc.; en un mot il veut, à quelque prix que ce soit, persuader aux autres qu'il est heureux et qu'il mérite de l'être : mais il a beau faire, ce mensonge perpétuel de la vanité ne séduira jamais que ceux qui, pour juger un homme, ne savent pas commencer par le dépouiller de tout ce qui lui est étranger, et le voir à nu.

L'*amour*, cette passion universelle aussi ancienne que le monde, et sans doute le premier dieu qui, chez tous les peuples, eut des autels; l'amour est cet appétit violent et ce puissant aiguillon qui, dans toutes les classes des êtres sensibles, porte ou plutôt précipite l'un vers l'autre les deux sexes à une certaine époque de la vie, et les force de transmettre l'existence au milieu des convulsions du plus délicieux des plaisirs.

L'amour chez tous les animaux se développe avec leur entier accroissement et l'entier développement de leurs facultés; mais il est plus continuel et plus durable dans l'homme, que la nature a privilégié en lui accordant, dans le degré le plus distingué, le pouvoir de jouir. Cette faculté, dont l'exercice dans les autres espèces est restreinte à une certaine saison de l'année, est habituelle chez lui, et il la conserve depuis l'âge de la puberté, ou l'instant où il est en état de reproduire son semblable, jusque dans un âge très-avancé.

Si l'*amour physique* ou *sexuel* est cette violente attraction des corps, qui a pour but la reproduction de l'espèce, on peut dire que l'*amour moral* ou l'*amitié* est l'*attraction des ames*. — Les animaux n'éprouvent guères que l'amour physique ; ils ressentent tout au plus, pour leur famille ou leurs petits, ce sentiment de tendresse et d'inquiétude dont la nature a fait une loi commune à tous les êtres sensibles ; il en est à-peu-près de même de l'homme sauvage : ce n'est qu'à l'homme civilisé et raisonnable qu'il est donné d'ajouter aux plaisirs physiques les jouissances morales, moins vives, moins enivrantes, mais infiniment plus délicates, plus douces, et sur-tout plus durables, puisqu'elles peuvent s'étendre à tout le cours de la vie, tandis que les autres n'ont que la vivacité et la durée de l'éclair. C'est de ce mélange de jouissances physiques et de l'amitié que se compose chez l'homme civilisé la passion de l'amour. On aime une belle femme au premier coup-d'œil : on l'adore lorsque sous cette enveloppe brillante on trouve réunis les talens agréables, les connoissances utiles, enfin tous les charmes de l'esprit et du cœur joints à des manières nobles, douces, polies. C'est alors que l'imagination exaltée se promet de sa jouissance un plaisir presque divin, et que toutes les facultés de l'ame et du corps, portées au plus haut degré d'énergie, rendent un homme capable des plus grands efforts pour mériter une si noble conquête. Mais on n'aime pas longtems une femme qui n'est que belle ; l'engouement qu'elle peut faire naître au premier abord, ne dure guères quand il n'est soutenu et ranimé par rien; tandis qu'une femme laide ou d'une beauté médiocre, et qui n'inspire d'abord que peu d'intérêt, finit souvent par nous plaire beaucoup, et nous enchaîner par l'élégance et la politesse des manières, le mérite de la physionomie, les graces de l'esprit et les sentimens du cœur.

L'amitié entre hommes est fondée uniquement sur le rapport des intérêts et des sentimens moraux, sur la ressemblance des ames; car c'est sur-tout entre les ames homogènes ou formées des mêmes élémens que cette douce attraction se fait le plus vivement sentir (1). Il en est de même de l'amitié entre femmes; mais l'amitié entre un homme et une femme diffère de ces deux-là, en ce qu'elle renferme, outre les élémens moraux qui sont à-peu-près les mêmes, le plaisir physique fondé sur la différence des sexes; et même, abstraction faite de ce dernier motif, elle a quelque chose de plus doux, de plus respectueux et de plus tendre: elle est plus remplie de soins, de circonspection et d'égards.

Je suis loin, comme on voit, de penser avec Buffon qu'*il n'y a de bon dans l'amour que le physique, et que le moral n'en vaut rien.* Cette erreur échappée à la plume de ce grand écrivain, est une sorte de blasphême contre l'amitié : si le physique de l'amour est bon, le moral en vaut beaucoup

(1) Voyez le chapître suivant sur la sympathie.

mieux, sur-tout quand il est ennobli par l'estime et la confiance réciproques, dégagé du tourment de la jalousie, et de toutes les petites passions qui peuvent en corrompre la douceur; en un mot réduit à cette intimité, à ce mélange durable de sentimens nobles et purs qui font les vrais amis.

L'*avarice* est l'amour de l'or comme or, et non comme instrument des jouissances : c'est la passion de l'homme qui n'est guères fait pour en éprouver d'autres, celle des cerveaux étroits, des cœurs glacés, des petites ames, des enfans et des vieillards (car c'est sur-tout aux deux extrémités de la vie que se développe cette ridicule fureur d'accumuler qui caractérise l'avarice) : celui qui en est atteint n'est bon ni pour lui ni pour les autres; l'homme éclairé et raisonnable regarde l'or et l'argent comme un signe commode, qu'il peut échanger contre toutes les choses nécessaires ou agréables, contre les jouissances et les plaisirs exigés par le besoin, ou approuvés par la raison; il sent qu'en dépensant sa fortune avec noblesse, avec goût; en faisant défricher, cultiver, bâtir, manufacturer; en employant un grand nombre d'ouvriers, d'artisans, d'artistes, etc. il devient le bienfaiteur de tout ce qui l'environne; il croiroit faire un vol à la société, en cachant ou dérobant à la circulation des capitaux qui, sagement employés, portent partout l'abondance et la vie, et en reproduisent de nouveaux; en un mot il répand son or pour jouir, et faire jouir les autres. — L'avare, au contraire, ne jouit qu'en l'accumulant, en le contemplant, en le comptant : son principal bonheur est la possibilité de jouir, il s'en contente et est rarement porté à en faire usage ; ajoutons qu'il a bien rarement le pouvoir de le faire, car on n'aime, ce me semble, à voir le plaisir et le bonheur en perspective qu'autant qu'on ne sauroit s'en approcher de plus près : on n'est donc avare que par l'impuissance de jouir ; c'est la manie ordinaire des gens sans tempérament, sans sensibilité, sans talens, sans esprit et sans génie : il semble que cette sotte et vile passion exclue à-la-fois tous les sentimens et toutes les passions nobles. Aussi, c'est de tous les vices celui qui mérite le plus d'être livré à la risée, au mépris, et qui prête le plus à la plume satyrique des auteurs comiques.

Il y a (même dans la jeunesse) des ambitieux et des voluptueux qui s'imposent, durant quelque tems, les privations de l'avarice, mais elles ne sont que momentanées : elles ont pour but de leur procurer de plus grandes jouissances en leur fournissant plus abondamment les instrumens des plaisirs, les moyens d'exécuter leurs projets et d'arriver à leurs fins ; ce sont, pour ainsi dire, des avares raisonnables ; ils n'économisent que pour répandre ensuite avec plus de profusion et de profit.

Les vertus opposées à l'avarice sont la *libéralité* et la *générosité*, qui ne semblent différer qu'en ce que la première est plus relative à la distribution que l'on fait de son or et de ses bienfaits, et la seconde au sentiment noble et distingué qui préside à cette distribution. Cet heureux penchant doit, comme tous les autres, être dirigé par la raison qui donne de la décence et de la noblesse à toutes les passions; car il n'est permis d'être généreux, libéral, etc., qu'après avoir rempli ses devoirs envers sa famille, envers la patrie (premiers objets de notre affection), et fait face aux dépenses de nécessité ou de convenance que nous imposent notre état et nos devoirs. Un homme en place, un prince, un roi peuvent mieux que personne se montrer libéraux, généreux, magnifiques; mais ils ne doivent le faire qu'autant que la situation heureuse et florissante de leurs affaires, de leur administration, ou de l'état ne réclame plus l'emploi plus utile et plus noble de leurs richesses : tant qu'il existe des malheureux autour d'eux, les folles dépenses d'un luxe exagéré et mal entendu sont un outrage à la raison et à l'humanité.

La *prodigalité* est une libéralité outrée et irréfléchie : c'est le défaut de l'homme qui dépense mal-à-propos, sans goût, sans raison; qui, mettant le plus haut prix à des bagatelles; sacrifie l'utile ou le nécessaire à des superfluités; qui, sans prévoyance pour l'avenir et incapable de balancer sa recette et sa dépense, consomme en un mois le revenu d'une année, et par là s'expose à tomber bientôt dans l'indigence, ou à y précipiter sa famille.

L'*économie* est la vertu qui tient le juste milieu entre l'avarice et la prodigalité.

La *bienveillance* est ce penchant habituel, cette douce attitude de l'ame qui nous fait desirer constamment le bonheur des hommes, et la *bienfaisance* est la bienveillance mise en pratique : c'est à-la-fois la volonté et l'heureux pouvoir de faire le bien. Celui qui le possède dans un degré éminent, est maître de l'affection ou de l'estime de ses semblables ; il tient dans ses mains le plus beau, le plus noble instrument du bonheur, et c'est à la raison à lui montrer l'art de s'en servir. L'homme bienveillant est donc bienfaisant quand il peut, et l'homme bienfaisant est l'être assez heureux pour exercer quand il veut la bienveillance habituelle de son cœur. Quoique le mérite intrinsèque et réel du premier soit presque égal à celui du second, les résultats n'en étant pas à beaucoup près les mêmes, il ne faut pas s'étonner que l'amour, les éloges, la reconnoissance, la considération et la gloire soient pour l'un, tandis qu'un peu d'attachement et d'estime est ordinairement tout ce qu'on accorde à l'autre. Malheureusement les hommes qui pourroient être bienfaisans manquent souvent de bienveillance, et les hommes bienveillans n'ont pas les moyens d'exercer la bienfaisance : l'aveugle déesse qu'on nomme fortune arrange ainsi les choses.

Les vices opposés aux deux qualités précédentes sont l'*égoïsme* et l'*inhumanité*. L'égoïste parfait ne voit que lui dans le monde, rapporte tout à lui, ne s'occupe que de son propre bonheur, et seroit fâché d'en détacher la moindre parcelle en faveur d'autrui : c'est lui qui dit au fond de son cœur, que ne puis-je être heureux aux dépens de tout le genre humain ! Il s'afflige du bonheur et des succès d'autrui, comme si c'étoit autant de retranché à sa félicité ; et sous ce rapport, il se rapproche de l'*envieux*. Il compte presque pour rien sa femme, ses enfans, ses parens, ses amis (si toutefois un égoïste peut en avoir). N'aimant point les autres, étant pour eux sans égards, il n'a que peu ou point de droit à la bienfaisance, à l'estime et à l'amitié de ses concitoyens ; en sa qualité d'homme, il peut tout au plus prétendre à ce degré d'humanité que l'on a pour un habitant du Kamchatka ou des Antipodes.

L'homme *inhumain* ne se contente pas d'être insensible au bien d'autrui, il en desire habituellement le mal, et le fait quand il y trouve son profit. L'inhumanité portée à l'excès prend le nom de *cruauté*. Un homme cruel est une bête féroce déchaînée au milieu de la société ; comme elle il doit exciter une indignation et une terreur universelles ; ce vice odieux, qui mérite toujours la haine ou l'aversion la plus forte et la plus générale (quand il n'est pas puni par la prison ou la mort), est surtout à redouter chez les hommes revêtus d'un grand pouvoir ; alors il fait des Néron, des Attila, des Borgia, des Charles IX, etc., tous ces illustres scélérats, ces despotes abhorrés et misérables qui ne font souvent que s'asseoir sur un trône ensanglanté, où ils sont parvenus à travers le sang et le crime, et d'où ils sont bientôt précipités dans la nuit du tombeau ; en un mot tous ces conquérans qui, après avoir longtems ravagé et désolé la terre par le fer et le feu, se font honorer ensuite comme des héros ou des dieux par la stupide espèce humaine qui devroit bien enfin avoir appris à ses dépens que la seule et véritable gloire consiste dans de bonnes lois et un sage gouvernement, dans les sciences, les arts, le commerce et la paix, qui seule peut les faire fleurir.

Ce sont là les principaux mouvemens, sentimens et affections du cœur humain : l'habitude de les éprouver les transforme en passions plus ou moins énergiques et durables ; si ces passions sont nuisibles à l'individu et à la société où il vit, ce sont des *vices* qu'il faut travailler à prévenir ou à déraciner ; si elles sont utiles à l'une ou à l'autre, ce sont des *vertus* qu'il faut faire germer, nourrir et développer par toutes sortes de soins et de moyens. Mon intention n'est pas d'en faire ici le dénombrement, ni de donner un traité des passions, dont j'ai dû me borner à caractériser les principales en remontant à leur génération, je crois pourtant devoir encore ajouter quelque chose à ce que j'en ai dit en montrant les grandes et premières sources de toutes les vertus et de tous les vices.

J'ai fait voir dans la première partie de cet ouvrage en quoi consistoit et comment s'engendroit la *raison humaine* : or c'est cette grande et noble faculté qui, une fois formée, doit engendrer toutes les vertus privées ou publiques. En effet l'on peut définir la vertu, *le courage et l'habitude de conformer dans tous les cas ses actions à la raison.* On est vertueux du moment où, ayant vu clairement ce qu'il est raisonnable et juste de faire, on le fait ; on cesse de l'être dans le cas contraire : la raison ainsi réduite en pratique dans le commerce de la vie, prend tour-à-tour le nom de *justice*, *sagesse*, *prudence*, *tempérance*, etc. (Voyez première partie, page 163). Il suit de là 1°. que sans lumières, sans raison, il n'y a point de vertu; si l'on se conduit bien alors, c'est sans savoir pourquoi, et parce que depuis longtems on a contracté une sorte d'habitude aveugle de bien faire; 2°. que de même qu'il n'y a qu'une vraie raison, une vraie justice, il n'y a aussi qu'une vraie vertu pour tous les pays: mais comme dans chaque pays ce qu'on nomme raison, au lieu d'être uniquement composé de l'ensemble des vérités, renferme un alliage plus ou moins considérable d'erreurs et de préjugés, il résulte de là que les élémens de la vertu, ou plutôt de ce qu'on nomme *vertu*, sont très-variables chez les différentes nations, suivant la quantité de faux qui se mêle avec le vrai; suivant l'opinion et les préjugés dominans consacrés par les passions et l'intérêt des gouvernans, les lois civiles, le tems, la force et la coutume; car où sont les peuples, où sont même les individus qui n'obéissent qu'à ces trois belles puissances, *raison*, *vérité*, *justice*? Il n'a peut-être jamais existé, il n'existera peut-être jamais de pays où il soit permis d'être impunément et constamment raisonnable; pour cela il faudroit d'abord que les lois civiles qui déterminent et dirigent notre conduite, le fussent elles-mêmes, et par malheur ce sont les passions bien plus que la raison qui gouvernent le monde: on compte presque pour rien ces lois éternelles qui devroient être la base et le modèle

dèle de toutes les lois humaines, et auxquelles tout ce qui se fait de bon sur ce misérable globe est nécessairement conforme, comme tout ce qui se fait de mauvais leur est nécessairement contraire.

La *conscience* est le sentiment (actuel ou habituel) de la conformité ou de la non conformité de ses actions avec la saine raison. Il y a donc une bonne et une mauvaise conscience. Toute action conforme à cette raison suprême, est suivie d'une approbation intérieure qu'accompagne toujours un sentiment délicieux; tout acte qui lui est évidemment contraire produit (sur-tout dans les ames qui ne sont point dépravées par l'habitude du vice, par une mauvaise éducation) un reproche de la conscience, ou une désapprobation intérieure accompagnée d'un remords d'autant plus cuisant que notre faute est plus grave. Autant il est doux d'entendre habituellement cette voix intérieure et cachée qui nous dit *c'est bien*, autant il est pénible et douloureux pour les ames honnêtes, les esprits droits, et les cœurs délicats, d'entendre à tout moment répéter ce jugement terrible d'un tribunal impartial et auguste *ce que tu as fait est mal.*

L'éducation nous rend plus ou moins sensibles à ce double sentiment de la bonne et de la mauvaise conscience; mais il n'est personne qui ne recherche l'un et qui n'évite l'autre; les plus grands scélérats ne peuvent étouffer entièrement, par l'habitude de mal faire, le murmure importun de la conscience et de la raison; ils ne peuvent songer sans terreur aux dangers qui les menacent, à la fin qui les attend, ainsi qu'à l'horreur générale qu'ils inspirent: et voilà les furies qui tourmentent et punissent les mauvais rois, les mauvais pères, les enfans ingrats, etc.

Le premier bien d'une grande ame est sa propre estime : elle seule lui fait compter pour rien, ou pour très-peu de chose, l'estime des autres; contente de la mériter, elle y est d'autant plus indifférente qu'elle leur est plus supérieure : elle n'aspire tout au plus qu'à cette estime sentie, qu'accorde au vrai mérite l'homme de probité, de talent et de génie; mais elle ne fait aucun cas des éloges ou des mépris du vulgaire, c'est-à-dire de la très-grande majorité de l'espèce humaine.

Puisqu'il n'y a qu'une vraie raison, et partant qu'une vraie justice, il n'y a donc qu'une *vraie conscience*, celle de l'homme éclairé et juste. — Les individus qui, au lieu d'être gouvernés par la raison, le sont par l'opinion, la superstition, les préjugés, l'autorité, l'exemple, etc., n'ont point de conscience à eux, ou n'ont qu'une *fausse conscience* : leur conduite est incertaine et variable; car à peine savent-ils ce qui est bien, ce qui est mal; pour eux les vraies vertus sont sans prix, et les fausses vertus en ont beaucoup; trop souvent ils décorent de ce beau nom des actions inutiles et par fois abominables, des procédés insignifians ou ridicules, des habitudes vicieuses, etc. Souvent le fanatisme leur fait commettre, au nom du ciel et des dieux, les crimes les plus atroces : en vain un reste de raison veut encore se faire entendre à ces esprits égarés; la religion et les prêtres ordonnent le contraire, et ils obéissent; mais comme la voix de la nature (qui ne peut être toujours et entièrement étouffée) devient par fois plus forte que celle des prêtres, on les voit souvent nouveaux Séïdes expirer dans les angoisses de la douleur et du remords.

S'il n'est pas au monde de plus beau spectacle que celui d'un homme juste et ferme, constamment dirigé par les lumières d'une raison mâle et forte (1); il n'y a rien de si triste que le sort de cette foule d'individus qui, soumis aux impulsions contradictoires du bon sens ou de la lumière naturelle, des lois absurdes, de l'exemple, de l'usage et de la mode, flottent incertains sans gouvernail et sans guide, jouets de leurs propres passions et de celles d'autrui. Au lieu de cette vive et pure lumière qui éclaire tous les pas du sage, ils n'ont pour se conduire que quelques lueurs fausses et vacillantes qui les égarent et les jettent dans les précipices (2).

La complication des passions et des intérêts dans

---

(1) Justum et tenacem propositi virum
Non civium ardor prava jubentium,
Non vultus instantis tyranni
Mente quatit solida, neque auster
Dux inquieti turbidus Adriæ,
Si fractus illabatur orbis,
Impavidum ferient ruinæ. (HORACE.)

(2) Sed nil dulcius est bene quam munita tenere
Edita doctrinâ sapientium templa serenâ
Despicere, unde queas alios passimque videre
Errare, atque viam palantes quærere vitæ. (LUCRÈCE.)

C 2

ces grandes masses d'hommes formant les sociétés ; la multitude des besoins, l'impossibilité de prévoir l'avenir, qui nous empêche de voir d'un coup-d'œil toute la chaîne de notre existence, et de prononcer à-la-fois sur tout l'ensemble de nos actions (*en regardant la conduite de la vie entière comme un seul problême à résoudre*) ; la force malheureusement trop grande de l'imagination, des préjugés, des mauvaises institutions, de l'opinion, de la coutume, etc., rendent très-pénible et très-difficile, même pour l'homme le plus éclairé et le plus honnête, l'exercice continuel de la *raison pure* : on est donc souvent réduit à gauchir, à biaiser, ou à louvoyer pour arriver à son but, en conciliant plusieurs puissances ennemies, et se maintenir en sûreté et en paix parmi les orages de la vie civile. Alors on est obligé de se servir de la raison comme d'une arme ou instrument flexible, comme d'un bouclier dont on se sert pour écarter les obstacles, parer les coups, et, autant qu'il se peut, faire face à tous les ennemis, à tous les dangers. — La raison universelle ainsi modifiée et habilement adaptée à tous les cas particuliers de la vie, par la nécessité de veiller à notre conservation, à notre intérêt, sans blesser celui des autres, est ce que j'appelle *prudence*.

Cette importante vertu, fille de la méditation et de l'expérience, ne s'acquiert que par un long apprentissage ; c'est la vertu des hommes faits, et surtout de ceux qui sont destinés à commander aux autres. Elle est d'autant plus exercée, plus étendue et plus active, que l'on a plus vécu et dans un poste plus élevé, car alors on a eu à résoudre journellement un bien plus grand nombre de problêmes, et des problêmes plus compliqués, plus importans ; elle est indispensable à tous les hommes d'état, c'est le pivot de l'art de gouverner.

La *sagesse* est un composé d'esprit, de raison, de prudence, de justice, etc., en un mot c'est le résultat de toutes les lumières et de toutes les vertus devenues habituelles ; c'est le talent de l'homme toujours maître de ses passions et de ses facultés, et par cela même capable de manier habilement celles des autres : fruit précieux de la réflexion et de l'observation ; elle contient l'art de vivre et de se bien conduire dans tous les cas possibles et dans toutes les conditions : compagne de la vraie philosophie, elle est la mère de la santé, des plaisirs nobles et purs, et du vrai bonheur.

Si la *raison* renferme ou fait naître toutes les vertus, on peut dire que la *déraison*, ce honteux composé d'ignorance, de fausseté, de préjugés, de sottise et d'erreurs, est la source de tous les vices et abus qui désolent les sociétés. Mère d'imprudence, d'iniquités, d'emportemens et d'excès, elle engendre et entretient le despotisme, la superstition, le fanatisme, l'intolérance, les troubles civils, les guerres injustes, les mauvaises lois, les mauvais plans d'éducation, enfin les mauvais gouvernemens, et par suite cette foule de vices et maladies morales, fléaux des états, et résultat nécessaire d'une mauvaise police ; tels sont l'égoïsme, l'apathie sociale ou l'indifférence pour le bien public, l'abrutissement de l'homme, l'esclavage, le monachisme, la lâcheté, la paresse, la mendicité, la misère, le vol, la débauche et la corruption générale des mœurs.

Conclusion de ce chapitre.

Aimer et *haïr*, voilà donc en dernière analyse les deux grandes opérations de la *volonté* (force qui, comme je l'ai fait voir, doit sa naissance et son développement au système général de nos sensations, ou à l'action constante des objets extérieurs sur nos sens, et à celle du mécanisme intérieur). L'amour s'étend à tout ce qui peut nous faire jouir, et la haine à tout ce qui peut nous faire souffrir; de là l'amour de l'indépendance, de la liberté, des femmes, des richesses, des dignités, des sciences, des voyages, de la société, de la musique, des spectacles, des jeux, des festins, des divertissemens, et en général de tout ce qui peut varier l'existence, et rendre la vie douce et commode; et la haine de l'esclavage, de la pauvreté, de l'obscurité, de l'uniformité, de l'ennui, des privations, des rigueurs du tems, de la dureté, du mépris et de l'injustice des hommes bien plus insupportables, de toutes les situations pénibles du corps, de l'esprit et du cœur, en un mot de tout ce qui tend à diminuer nos plaisirs et à augmenter nos peines.

L'amour renferme tous nos goûts favoris, nos penchans vertueux, les affections et passions douces (l'humanité, la bienfaisance, la piété filiale, la tendresse paternelle et maternelle, les tendres sympathies, l'amitié, etc.) : enfin il comprend tous les sentimens agréables dont le nom et la qualité varient suivant le nom et la qualité des objets qui les éprouvent ou les font naître. — La haine, au contraire, comprend tous nos dégoûts, nos aversions, nos antipathies, toutes les passions douloureuses et violentes (l'envie, la jalousie, la défiance, le ressentiment, la colère, la vengeance, etc.), et tous les sentimens pénibles qu'il est aussi avantageux de déraciner de son ame qu'il l'est d'y faire germer et croître les autres.

L'*amour de soi* ou l'intérêt personnel, cette loi suprême et primitive à laquelle obéissent tous les êtres sensibles, est composé comme l'on voit de l'amour du *bien-être* et de la haine du *mal-être* : c'est le double mobile des actions des hommes, et le double fondement sur lequel doit reposer tout bon système de morale et de législation : car, c'est en prenant les hommes par leurs vrais intérêts (bien sentis) qu'on est à-peu-près maître de les conduire où l'on veut, et le talent du législateur consiste à faire des lois à l'exécution desquelles chaque membre de la société trouve évidemment son profit.

L'amour de soi, centre de tous les desirs et résultat nécessaire de l'organisation, est une force attractive et durable, qui fait graviter sans cesse tous les êtres animés vers le plaisir et le bonheur; elle est dans le monde moral ce que la pesanteur est dans le monde physique : son énergie radicale, quoique différente dans son principe et ses lois fort variables, est la puissance créatrice et conservatrice de l'univers moral, comme l'autre l'est de l'univers matériel.

C'est cette force qui contraint tous les animaux de pourvoir à leur nourriture, à leur conservation, à la reproduction de leur espèce; c'est elle qui fait trouver à l'homme sauvage les moyens de se nourrir, de se vêtir, de se loger, qui l'oblige d'inventer des armes pour se défendre contre les bêtes féroces, attaquer les animaux, se nourrir de leur chair et se couvrir de leur peau, etc.; c'est elle qui, dans la saison des plaisirs, et dans toutes les classes d'animaux, porte le mâle vers la femelle, et leur fait créer un être semblable à eux, qu'elle les oblige de soigner, de nourrir et d'élever jusqu'à ce qu'il soit assez fort pour se passer de leur secours; c'est elle qui, agissant constamment (et dans toutes les conditions) sur les individus d'une même société, préside aux travaux de l'agriculteur, de l'artisan, de l'artiste, du savant, du guerrier, du ministre et du législateur, et fait naître ainsi le bien public de l'ensemble des prospérités particulières.

Semblable à la pesanteur universelle qui (quoique tendant à réunir tous les corps en une seule masse) contribue par son universalité même et sa combinaison avec une autre force tangentielle, à leur faire décrire des orbites formées autour d'une masse principale et centrale, et crée par là, dans l'immensité de l'espace, une foule de tourbillons planétaires ou systêmes de mondes; la volonté générale du bonheur, combinée avec l'intelligence humaine, a formé sur le globe (et sans doute aussi sur toutes ou presque toutes les planettes jouissant d'une température propre au développement des corps sensibles) ces réunions d'êtres intelligens semblablement organisés et retenus en une même masse sociale par le lien de leurs besoins réciproques, quoique souvent repoussés par le choc des intérêts particuliers, et qui, soumis à la double impulsion de l'amour du bien public et de leur bien-être personnel, sont forcés de décrire le cercle de la vie autour d'un point trop souvent imaginaire (le *maximum* du bonheur), vers lequel se dirigent constamment les desirs, les projets et les actions de l'homme. C'est cette force constamment active qui, tandis qu'elle est subordonnée à la raison, fait le bonheur des sociétés humaines en travaillant avec elle à les former, à les coordonner de la manière qui leur est la plus avantageuse; c'est elle qui, quand elle marche seule et en aveugle, les décompose et les détruit en causant la perte ou le malheur de chaque individu. La force du génie et de la raison doit donc présider à la création des lois destinées à régir les hommes, et les forces réunies de toutes les volontés particulières se charger ensuite de leur exécution.

L'homme, dans toutes ses démarches, cherchant toujours à résoudre le problême du plus grand bonheur, et chaque membre d'une même société ayant les mêmes prétentions, on sent qu'il doit souvent exister des chocs entre tous ces petits tourbillons ou systêmes de besoins particuliers dont chacun se fait le centre; mais l'expérience prouve bientôt à chaque individu qu'il doit perdre un peu en cédant une partie de ses droits, afin de gagner beaucoup plus par la conservation libre et entière de l'autre, et la propriété qu'il acquiert en même tems sur les droits de tous ses semblables le dédommage amplement du sacrifice qu'il fait d'une portion des siens. C'est ce raisonnement, fruit de l'observation et de la réflexion, qui a insensiblement engagé tous les hommes à se réunir en société, et qui est le lien conservateur des sociétés établies. Ils ont senti d'abord que, quoique moins libres, ils seroient par leur réunion plus forts et plus heureux, et les sociétés ont pris naissance. A leur suite, et avec le tems et l'expérience, sont nés les arts, les lois, les sciences, les vertus et toutes qualités sociales, en un mot ce vaste ensemble d'habitudes, qui compose ce que j'appelle *les mœurs d'un peuple*.

Nota. Outre les élémens précités (l'amour, la haine, etc.), outre les affections premières et les habitudes fondamentales qui en dérivent, lesquelles embrassent le système général de nos sentimens moraux, il existe une foule de mots que les hommes ont employés pour rendre dans tous les cas particuliers toutes les variations dont ils sont susceptibles; toutes les nuances des besoins, des passions et des caractères, et dont ils ont formé la nomenclature générale des vertus et des vices, des travers et des ridicules, en un mot des qualités bonnes et mauvaises du corps, de l'esprit et du cœur, à mesure que le tems, les progrès ou les changemens de la civilisation, en ont amené le développement, mais que je n'entreprendrai pas ici d'analyser. — On sent bien que je ne puis qu'esquisser rapidement le grand tableau des vertus et des vices dont le développement, les formes et les nuances très-variées composent la prodigieuse diversité des caractères qu'offre une société civilisée. Pour le peindre, il faut la plume d'un Molière, d'un Labruyère, d'un Lafontaine, etc. C'est dans les bons ouvrages comiques et dramatiques ; c'est sur les théâtres, dans l'histoire et les bons romans qu'il faut voir l'homme en détail et en action, lorsque par la méditation on a appris à bien connoître les pièces fondamentales de cette étonnante machine. — Il est d'ailleurs fort difficile de fixer, par des termes précis, les différens degrés d'intensité de nos passions, etc. On ne peut que les sentir intérieurement à l'instant où ils existent, ou les mesurer à-peu-près par les mouvemens que la volonté (ou la force motrice du corps sensible) imprime à ses différentes parties ; quand nous éprouvons des accès de fureur ou de désespoir, une vive indignation, les transports de la joie, une profonde mélancolie, etc. : alors le son de la voix, l'attitude du corps, le mouvement des yeux et des lèvres, et les traits changeans du visage, forment une sorte de tableau mouvant et de langage d'action qui analyse rapidement nos affections intérieures et les rend extérieurement sensibles ; car, vu que les mêmes affections produisent toujours à-peu-près les mêmes mouvemens, nous ne tardons pas à les lier, et l'un devient le signe naturel de l'autre ; ce qui donne naissance à la première, la plus expressive et la plus universelle des langues. Les traits caractéristiques des passions, leurs nuances rapides, variées et fugitives, ne peuvent guères être saisis et bien rendus que par le dessin, la peinture et la sculpture ; ils sont presqu'inaccessibles aux signes de convention si précieux pour tout ce qui tient aux opérations de l'intelligence pure : en les exprimant avec des mots, l'on ne peut s'entendre qu'à-peu-près ; ce n'est qu'en peignant, à l'aide des beaux arts précités, l'attitude du corps sensible agité par une passion, que l'on peut véritablement parvenir à la rendre par l'exacte expression de tous les traits du visage, par la position des membres, par la tension des muscles, etc. Mais on ne peut guères comparer les affections de l'ame et les divers degrés de douleur et de plaisir. D'où il suit que la nomenclature de nos sentimens n'aura jamais la même précision que celle de nos idées, et des sensations extérieures qui, pour la plupart, ont entre elles des rapports déterminés, visibles et mesurables. Tout ce qu'on peut donc faire est de distinguer le plus exactement possible, et de désigner toujours par le même mot les principaux traits des affections morales, et les degrés des passions manifestés par les actions extérieures ; en un mot, nous jugerons de l'exercice de la force invisible qui meut les corps organisés, par ses effets sur eux, comme nous apprécions celle de la pesanteur dont le principe ne nous est pas mieux connu, que celui de la volonté, par les mouvemens qu'elle imprime à toutes les parties de la matière. Mais la première de ces deux grandes forces (premiers ressorts du monde matériel et du monde organisé), subordonnée à l'immense variété de nos sensations et des besoins qui la mettent en jeu, devient extrêmement variable dans ses effets, tandis que la seconde agit sur les corps, soit qu'ils soient ou non organisés suivant des lois constantes, et dont la variation est bien connue (au moins à de grandes distances).

CHAPITRE II.

De l'extension de l'amour de soi ou de la sympathie, principe universel de sociabilité.

Les hommes ne peuvent longtems vivre ensemble sans s'appercevoir qu'ils sont tous des êtres sensibles semblablement organisés, ou originairement formés des mêmes parties, ayant à-peu-près les mêmes sens, les mêmes sensations, les mêmes besoins, les mêmes passions, enfin la même manière de vivre, de souffrir, de jouir, et d'exprimer leurs idées, leurs desirs, leurs plaisirs et leurs peines (1).

(1) Il est si vrai que la sociabilité et la sympathie ont pour base la ressemblance d'organisation et de sensibilité dans les êtres animés, que par-tout où il existe des corps sensibles semblablement organisés, il se forme entre eux une sorte de société naturelle ; c'est ainsi que presque toutes les familles d'animaux semblables, sont, comme la grande famille humaine, plus ou

De là naissent et se développent dans toute société humaine (même chez les peuplades sauvages) les premiers germes de la *sympathie*, ou la *faculté de s'identifier avec autrui*. Du moment où l'on sait par expérience que les autres sentent comme nous, et que tel degré, tel genre de douleur et de souffrance est accompagné de tels signes (comme les cris, les

---

moins portés à se lier et à vivre ensemble, parce que doués des mêmes organes, ils ont les mêmes sensations, les mêmes besoins : dans leur conduite, leurs jeux, leurs mutuelles caresses, les secours réciproques qu'ils se donnent, on voit qu'ils s'entendent en vertu d'un même langage d'action, et sympathisent ensemble jusqu'à un certain point. Non-seulement ils sympathisent entre eux, mais encore avec les espèces qui ont le plus de ressemblance et de rapports habituels avec eux ; de là l'attachement du chien pour l'homme et de l'homme pour le chien (attachement qui va souvent jusqu'à faire mourir celui-ci de douleur quand il a perdu son maître), et l'espèce de société que forme une troupe d'animaux domestiques accoutumés à vivre ensemble ; tout le monde connoît la république et la police des castors et des abeilles : enfin les animaux ont comme nous leurs mœurs, leur instinct (ou leur raison moins étendue, mais souvent plus sûre et plus prompte que celle de l'homme), et chaque espèce possède un fond commun de qualités intellectuelles qui la rend jusqu'à un certain point susceptible d'éducation et d'une sorte de civilisation ; mais comme leurs besoins sont très-bornés en comparaison des nôtres, et que la nature leur a donné proportionnellement plus de moyens d'y satisfaire, ils n'éprouvent pas autant que l'homme la nécessité de se rapprocher et de suppléer à leur foiblesse, en réunissant toutes leurs forces et formant une société : ils peuvent vivre et vivent plus isolés ; mais les plus féroces domptés par l'amour, forcés par la nature de reproduire leur espèce et d'élever leurs petits, forment encore jusqu'à un certain point cette société primitive (celle de la famille) qui est l'origine de toutes les sociétés humaines.

plaintes, les soupirs et les larmes, etc.), de telle expression dans les yeux, la bouche, le front et tous les traits du visage, enfin d'une certaine attitude du corps, etc., il est naturel, dès qu'on apperçoit ces signes extérieurs, de se retracer aussi la douleur qui les accompagne; alors l'imagination nous remet en quelque sorte à la place de l'être souffrant par laquelle nous avons déja passé; nous nous identifions donc avec lui, et nous éprouvons un certain degré de douleur et de malaise.

De même les signes du plaisir, de la joie et du bonheur nous font sympathiser avec les sentimens agréables qu'ils manifestent. Une figure calme et riante, un visage épanoui et content, un cercle de joyeux convives et de bons amis, la vue de deux amans heureux, le spectacle d'une famille unie et fortunée, le chant, la danse, les jeux et les ris de l'aimable jeunesse, etc., en nous offrant l'image des plaisirs passés, nous en font jouir de nouveau par le charme de la sympathie.

Une tristesse involontaire s'empare de nous dans ces tems déplorables où le double fléau d'une guerre intérieure et extérieure désorganise tout, détruit tout, menace toutes les vies, toutes les fortunes, toutes les vertus et tous les talens, et frappe plus ou moins tous les individus : sommes-nous dans une ville assiégée, menacée de la famine, d'une maladie épidémique ou de quelque grand danger, quand même nous n'aurions rien à craindre du péril commun, nous souffrons du malheur public; notre front se couvre plus ou moins de ce nuage de tristesse qui obscurcit tous les visages. Dans ces momens heureux, au contraire, où tout un peuple assemblé célèbre une fête, ou reçoit la nouvelle d'une victoire, de la paix ou de quelque grand succès inespéré, nous partageons (même en pays étranger) cet éclair de plaisir et de bonheur qui brille sur toutes les figures, et qui, comme un seul mouvement électrique, parcourt à-la-fois tous les cœurs. — Quel homme, en voyant un autre en danger de périr, ne sent pas le desir de le sauver, et ne fait pas les derniers efforts pour en venir à bout! Qui peut, en voyant le feu prendre à la maison de son voisin, ne pas contribuer à l'éteindre, et ne pas s'élancer à travers les dangers pour en arracher une femme ou un enfant qui alloient devenir la proie des flammes? Quel contentement, quelle volupté intérieure n'éprouve-t-on pas en pareil cas d'avoir exposé sa vie pour sauver celle d'autrui? Combien nous aimons à voir sur nos théâtres ces combats de vertu, de grandeur d'ame et de générosité qui nous offrent la nature humaine en beau! Que d'intérêt nous inspirent l'innocence, la piété filiale, l'amour honnête, et la vertu malheureuse! Combien, au contraire, le triomphe de la scélératesse et du crime est fait pour nous révolter!

Nous sommes donc naturellement disposés à partager le bonheur et le malheur d'autrui; et l'homme n'est pas naturellement méchant, comme l'ont prétendu certains penseurs misantropes et atrabilaires: mais nous ne pouvons bien le faire qu'autant que nous ne sommes pas nous-mêmes trop heureux ou

trop

trop malheureux. En effet, la sensibilité de l'être souffrant et misérable se rapporte toute entière à sa situation, à lui-même; il souffre trop de ses propres maux pour partager les souffrances d'autrui, et l'aspect du bonheur des autres bien loin d'adoucir sa position, ne feroit qu'aigrir et irriter ses douleurs. De même l'homme très-heureux ne sympathise que bien foiblement avec les infortunés; il écarte attentivement de ses yeux et de son esprit les images de l'infortune qui pourroient altérer sa joie et nuire à sa félicité; il ne recherche que la société des riches, des puissans, des heureux, et trop souvent il oublie que la fortune le met en état d'ajouter à ses jouissances la plus noble et la plus exquise de toutes, celle de la bienfaisance. L'homme qui ne jouit que d'une fortune médiocre, fruit de son industrie et de ses travaux, conserve ordinairement plus de sensibilité et de sympathie pour les maux d'autrui, il est plus disposé à les soulager, en un mot il est plus humain. Les heureux se recherchent pour augmenter leurs plaisirs, et les malheureux pour se communiquer et adoucir leurs peines; c'est sur-tout dans les afflictions morales ou les maux de l'esprit et du cœur, qu'il nous importe le plus d'éprouver la sympathie de nos semblables; c'est alors que nous avons plus besoin de nos parens, de nos amis, d'une femme, d'une maîtresse; c'est alors qu'il est doux d'entendre la voix chère et consolante de l'amour et de l'amitié, unie aux accens de la raison et d'une tendre humanité.

L'homme qui a beaucoup de besoins, d'ambition, de passions fortes et violentes, et de grandes prétentions, est rarement content de sa position, et ne se réjouit aussi que bien rarement de ce qui peut arriver d'heureux à ses concitoyens; il s'aime trop lui-même pour aimer beaucoup les autres; et un pareil caractère est trop accessible aux sentimens envieux, haineux et colériques pour être aimable : tandis que l'homme content de peu, qui n'a que des passions douces et modérées, des habitudes sociales et honnêtes; celui qui cultive les arts et les sciences sans attacher trop d'importance à ses succès, l'homme supérieur et à-la-fois modeste, sont rarement envieux et méchans, et ne deviennent point insensibles aux plaisirs de la sympathie; ils s'élèvent à la vérité le plus haut qu'ils peuvent dans la ligne des talens, de l'esprit et de la vraie gloire; mais sentant que le champ du génie est ouvert à tout le monde, la célébrité de ceux qui courent la même carrière ne les offusque point, ne trouble point leur tranquillité, ne peut altérer leur bonheur; ils ne haïssent ni ne tourmentent leurs confrères; loin de décrier les talens des autres, ils sont les premiers à applaudir, à les faire valoir : et quoiqu'assez fortement occupés d'eux-mêmes, ils ont encore le tems d'aimer les hommes, et de leur rendre service quand ils peuvent. — L'homme de lettres (digne de ce nom), le vrai philosophe est humain et naturellement disposé à ouvrir son cœur aux mouvemens d'une sympathie éclairée et noble; tandis que l'égoïsme, la dureté, l'insolence et l'inhumanité caractérisent trop souvent le riche ignorant, le parvenu, le financier et le soi-disant grand, qui n'a pour lui que ses ayeux, ses châteaux, ses jardins, ses équipages, sa livrée, ses chevaux et ses chiens.

De même qu'on ne desire que ce que l'on connoît, on ne peut bien sympathiser qu'avec les plaisirs et les peines que l'on a déja éprouvés. Quelle noble et touchante vérité dans ce vers que le poète romain met dans la bouche de Didon :

> *Non ignara mali, miseris succurrere disco;*
> (J'ai connu le malheur, et j'y sais compatir.)

Il suit de là que la sympathie est un sentiment qui se développe et se perfectionne en nous à raison de la sensibilité, de l'imagination et de l'expérience : dans l'enfant elle est peu étendue, parce qu'ayant encore trop peu vécu, il ne connoît guères que le plaisir et la douleur physiques ; il ignore les peines et les jouissances morales réservées à un âge plus avancé, et en comparaison desquelles celles du corps sont peu de chose ; mais si l'enfant privé d'expérience ne sympathise que foiblement pour les peines et les plaisirs de l'homme fait, celui-ci, au contraire, sympathise assez fortement pour l'enfant. Eh ! qui n'aime à se rappeler ce tems trop fugitif où sa légère existence s'écouloit au sein des jeux les plus aimables et les plus innocens, cette saison de fraîcheur, de santé, de gaîté, de candeur et de vivacité ingénue ; cette aimable aurore de vie où l'ame toute neuve, impatiente de se développer et de s'aggrandir, cherche, trouve par-tout et boit avidement l'instruction et le plaisir ?

La sympathie, ainsi que toutes nos facultés morales, varie suivant les divers âges de la vie; elle est plus vive et plus naïve dans l'adolescence; plus forte, plus impétueuse dans la jeunesse; plus réfléchie et plus froide dans l'âge mûr; elle se refroidit encore et s'affoiblit graduellement dans les vieillards, pour s'éteindre ensuite avec la vie.

On peut dire que la sympathie n'est qu'une extension de l'amour de soi; en effet, nous aimons à retrouver par-tout nos traits, nos sentimens, nos idées, nos goûts, nos passions, notre image enfin : c'est nous encore que nous cherchons, que nous aimons, que nous plaignons, que nous estimons dans les autres. D'où il suit que ce sentiment n'est jamais plus vif ni plus fort qu'entre les ames formées des mêmes élémens : elles ont les unes pour les autres une attraction naturelle et secrette, qui n'attend pour se développer que le hasard heureux qui les met en contact et en harmonie. Cette tendance sympathique est la source des plus douces, des plus fortes et des plus durables affections, ainsi que des plus pures jouissances; c'est elle qui, dans toutes les classes de la société, forme les amis, les amans, quelquefois les époux, et qui les formeroit toujours sans les obstacles étrangers (la volonté des parens, les calculs de la vanité, de l'opinion, de la finance et de la sottise, etc.) qui trop souvent font taire la raison, la nature et la sympathie. — C'est par suite de cette impulsion sympathique qu'au sein de la grande société il se forme une multitude de réunions ou sociétés particulières qui ont pour base et pour lien commun la ressemblance des esprits et des cœurs, une certaine égalité d'âge, de langage, d'intérêt, d'état, de fortune, de talens et d'habitudes, de besoins et de plaisirs; de là l'origine des corporations, des académies, etc.; de là les associations d'artisans, de cultivateurs, de négocians, etc.; les réunions de peintres, de musiciens, etc.; de savans, de marins, de guerriers, de prêtres, de jésuites, etc.; enfin les communautés de moines de tout nom, de toute couleur et de tout sexe; de là la société des enfans, des vieillards, des pauvres, des riches, des roturiers, des nobles, des princes et des rois.

L'action de la sympathie ne se borne pas au pays natal, mais s'étend plus ou moins aux pays voisins du nôtre; il y a donc une sympathie pour les peuples, comme pour les individus, et elle est fondée en partie sur les mêmes principes. Les peuples dont les intérêts, le langage, l'opinion, la religion, le gouvernement et les mœurs ont entre eux plus de ressemblance, ont aussi plus de cette affinité sympathique qui rapproche les hommes; ils sont naturellement plus disposés à se rechercher, à s'estimer, à s'aimer et à contracter des alliances: les commerçans, les artistes, les savans de tous les pays, sont portés par la ressemblance des occupations, des talens et des lumières, à une sympathie naturelle; ils forment, malgré la distance des lieux, la diversité des langues, des préjugés, et toutes les différences nationales une sorte de société universelle qui tend chaque jour à resserrer entre tous les peuples les liens d'une sympathie générale, à étouffer les flambeaux de la discorde et de la guerre, et tous les germes de haines nationales que le machiavélisme de certains gouvernemens voudroit éterniser. Heureusement le commerce qui met en commun les trésors, les pensées et les livres, les arts, les sciences, les langues, les lois, enfin les travaux, les découvertes et les richesses de toutes les nations, tend sans cesse à *homogéniser* les peuples, en établissant partout le globe une sorte d'équilibre et de niveau dans la fortune, les jouissances et les lumières, la raison, (ou la vérité et la justice) et par suite dans le bonheur de l'espèce humaine. C'est lui qui, rendant la communication des idées saines plus rapide et leur circulation plus générale, doit à la longue anéantir ou du moins rendre beaucoup plus rare cette boucherie périodique de l'espèce humaine qu'on nomme guerre : les hommes de tous les pays, à force de se rapprocher, finiront par s'apprécier, s'estimer et s'inspirer les sentimens de cette bienveillance réciproque qui honore l'humanité. Les gouvernemens machiavéliques ont beau faire, il viendra un tems où les peuples seront assez éclairés pour ne pas s'entrégorger sans savoir pourquoi, et ne prendront les armes que pour défendre leur existence et leur liberté. En effet, en France, en Angleterre, en Suède, et dans les pays civilisés et passablement gouvernés, on commence à regarder avec raison la guerre civile, comme la plus déplorable frénésie et le plus grand des malheurs ; mais tous les peuples de l'Europe ne forment-ils pas déja une sorte de grand état, dont chaque peuple peut être considéré comme une province, un département; la portion la plus saine de ces sociétés partielles, celle formée des têtes pensantes, des hommes les plus éclairés et les plus honnêtes, ne compose-t-elle pas déja une société générale indépendante du pays, et fondée sur une raison commune, une estime mutuelle; ne doit-elle pas s'aggrandir à mesure que les lumières augmenteront; l'empire de la raison en s'aggrandissant avec elles ne doit-il pas tendre à retrécir le domaine des préjugés, des opinions absurdes, et des passions aveugles et féroces? Les gouvernemens plus éclairés, plus maîtrisés par le progrès général des lumières et une meilleure opinion publique, ne deviendront-ils pas plus humains et plus justes? Pourquoi feroit-on toujours consister la gloire dans l'art de tuer beaucoup d'hommes, au lieu de la placer dans le rare et sublime talent d'accroître, autant que possible, le nombre des hommes bien gouvernés, heureux et paisibles?

Il peut donc s'établir un jour dans l'Europe (très-éclairée et bien gouvernée) une force d'opinion ou plutôt de raison publique qui, jointe à un certain équilibre de puissance, mettra fin à l'effusion du sang humain. Cette époque est indéterminée, mais ne me paroît point impossible. Puisse ce vœu d'un philosophe et d'une ame honnête n'être pas toujours une chimère (1)!

---

(1) Il y auroit ici un problême intéressant à résoudre : *quel*

La nature, qui se plaît à varier à l'infini les esprits et les tempéramens comme les physionomies, n'a pas également disposé tous les hommes à une mutuelle sympathie; il y a à cet égard une grande différence entre l'homme sanguin, le flegmatique, le bilieux, le colérique, le mélancolique; entre le Français, l'Espagnol, l'Italien, l'Anglais, etc.; entre l'Asiatique et l'Européen, enfin entre l'homme civilisé et l'homme sauvage. Le climat, le gouvernement, la naissance, la fortune, l'éducation, les situations où nous nous trouvons, l'état que nous exerçons, etc. développent ou contrarient plus ou moins nos dispositions sympathiques: dans un même pays tous les caractères ne sont pas également aimans, également expansifs, également propres à communiquer ou à partager la sensibilité, le bonheur et la joie; mais si l'on ne peut attendre de tout le monde cette délicatesse, cette étendue, cette espèce de luxe de sentiment d'où naît l'heureux besoin d'aimer ses semblables, et de leur rendre service, l'art précieux d'adoucir leurs peines et de contribuer à leurs plaisirs, l'on peut du moins en espérer l'apparence malheureusement beaucoup plus commune que la réalité, et l'on peut en exiger ce degré d'intérêt et d'humanité, enfin ces devoirs que la justice réclame de l'homme civilisé; et quoiqu'ils ne soient pas tou-

---

est, dans un pays surchargé d'habitans, le meilleur moyen de remédier à l'inconvénient d'une trop grande population, résultat nécessaire d'une très-longue paix!

L'on sent qu'une pareille question exige un développement qui ne sauroit trouver place ici.

jours commandés par les lois civiles, l'obligation qu'ils imposent est telle que l'on ne sauroit s'y soustraire, sans encourir le blâme et le mépris des esprits droits et des cœurs délicats.

Le sentiment de la sympathie, quoique fort variable, n'en est pas moins universel. En quelque point du globe que l'on soit placé, on souffre en voyant son semblable souffrir des maux qu'il n'a point mérités, ou privé de ce degré de liberté et de bien-être qui lui étoit dû, et que la nature promet à tous ses enfans; de là l'horreur que nous inspirent en tout pays le meurtre, le vol, la trahison, la mauvaise foi, toute usurpation, toute oppression injuste, en un mot tout procédé contraire aux lois de la raison et de la justice. Par-tout on est révolté de la conduite d'un tyran qui se joue de la vie et de la fortune des hommes; on plaint un innocent condamné à la mort par un despote ou un tribunal injuste; on déplore le sort d'une ville engloutie par un tremblement de terre ou dévorée par un incendie : mais l'éloignement où nous sommes du théâtre de la méchanceté, du despotisme, de l'injustice et du malheur diminue beaucoup notre sympathie. Elle est la plus forte possible entre les pères et les enfans, entre les époux, les frères et les sœurs, entre les parens, les amis, les compatriotes, et les étrangers dont le pays est le plus voisin du nôtre : elle diminue à mesure que tous ces motifs de rapprochement varient avec la distance des lieux; on aime à savoir ce qui se passe dans sa ville, dans sa province, en France, en Angleterre, en Hollande, etc., et dans tous les états policés de l'Europe; on s'inquiète moins de ce qui se fait en Perse, au Mogol, à la Chine, au Japon, etc., et l'on devient encore plus indifférent sur le sort, la fortune et l'histoire de ces peuplades sauvages et lointaines qui habitent les Antipodes du pays où nous sommes, et les îles semées sur l'hémisphère austral. — La distance du tems produit en quelque sorte le même effet que celle des lieux; les événemens du jour, du mois, de l'an, du siècle actuels, nous intéressent plus que ceux du mois, de l'an, du siècle passés; dans l'ordre d'une curiosité naturelle et raisonnable, on doit plus s'attacher à connoître l'histoire de son pays que celle des Romains, des Grecs, des Egyptiens, etc., quoique souvent l'importance des événemens, la grandeur des caractères et le mérite des personnages inspirent plus d'intérêt dans l'histoire ancienne que dans l'histoire moderne.

Telle est la loi de cette attraction sympathique qui s'étend sur tout le genre humain: l'homme fixe d'abord ses regards, son attention sur lui-même; il est (la nature et la raison le veulent ainsi) le premier objet de son amour et de ses soins; ensuite il les étend à son père, à sa mère, à ses frères, à sa femme, à ses enfans, à ses amis, à ses concitoyens, en un mot à sa famille et à sa patrie, puis aux étrangers, enfin aux nations actuellement existantes, et à tous les peuples dont l'histoire a échappé à la faulx du tems. C'est alors que connoissant de l'homme tout ce qu'il est possible d'en connoître, et l'ame remplie du sentiment d'une sympathie universelle, il peut s'écrier avec cet ancien personnage de Térence : *homo sum, humani nihil a me alienum puto.*

J'ai dit ci-devant qu'il n'y avoit qu'une vraie raison, une vraie justice, une vraie vertu, une vraie conscience; j'ajouterai qu'il n'y a qu'une vraie et louable sympathie, celle qui a pour fondement la raison, la justice, la bonne conscience, etc.; elle consiste dans l'habitude de n'estimer, de n'aimer que ce qu'il y a de bon et de beau dans les mœurs, les procédés et la conduite des hommes, comme dans les arts, la littérature et les sciences, et de haïr, de mépriser ou de blâmer tout ce qu'ils offrent de déraisonnable, d'odieux, d'indécent, de vil, de petit et de ridicule. Cette qualité est l'apanage de l'homme qui est à-la-fois le mieux élevé, le plus éclairé et le plus sensible, comme le plus propre à goûter les charmes du beau idéal et moral.

La fausse sympathie, fille de l'ignorance, de la déraison, d'une mauvaise éducation et d'une fausse conscience, consiste à plaindre des maux qui n'ont rien de réel, à s'enthousiasmer pour des plaisirs chimériques et des biens imaginaires, à chérir, à diviniser des sottises et des puérilités, à estimer ce qui est méprisable, et à mépriser ce qui est estimable. Ce défaut est celui des gens à préjugés, des personnes crédules et gouvernées par l'autorité, l'exemple, la mode et l'usage, des hommes sans instruction, des superstitieux, des mistiques, des cagots et des prudes.

L'opposé de la sympathie est l'*antipathie*; elle provient de l'inégalité des sentimens moraux et des caractères, de la fortune, de la naissance, de l'âge, de la condition, de la différence d'habitudes, d'instruction, d'opinion, de religion, de gouvernement, etc., comme la sympathie étoit fondée sur la convenance et le rapport de toutes ces choses-là.

L'homme d'esprit et le sot, le savant et l'ignorant, le philosophe et le théologien, le flegmatique et l'homme bouillant, le poète sifflé et l'homme content, le riche et le pauvre, le supérieur et le subalterne, le maître et l'esclave, le roi et le sujet, le noble et le roturier, l'honnête homme et le scélérat, autant de gens et de caractères qui ne peuvent sympathiser ensemble, ou qui sont dans un état d'antipathie habituelle. Nous aimons rarement les gens trop au-dessus ou trop au-dessous de nous, et nous ne pouvons souffrir ceux avec qui nous n'avons rien ou presque rien de commun par la naissance, la fortune, l'esprit, le cœur et les manières: mais ce sentiment est trop souvent porté à l'excès; et pour le contenir dans de justes bornes, il faut nous rappeler 1°. que la société est une vaste machine nécessairement formée d'élémens et de rouages fort différens, dans laquelle chacun a son rôle à jouer; que ce rôle, quoique très-obscur, peut être assez important, et que dans le grand concert social il n'y a point d'instrument inutile; 2°. que le moral de chaque individu étant le résultat nécessaire de son organisation, de son éducation et de sa profession (trois choses dont la première ne dépend pas de lui, et dont les deux autres souvent n'en dépendent guères), il y auroit de l'injustice à en exiger, ce qu'il n'est pas raisonnable d'en attendre; 3°. que nous avons tout-à-la-fois besoin d'agriculteurs pour nous nourrir, d'artisans pour nous loger, nous habiller, etc., de guerriers pour nous défendre, de grands législateurs pour nous bien gouverner, d'ingénieurs et de marins pour construire et guider nos vaisseaux sur les mers; des géomètres, des naturalistes, des physiciens et des chimistes, en un mot des savans en tout genre pour nous éclairer; des peintres, des musiciens et des poètes pour nous amuser; enfin des commerçans pour faire circuler sur tous les points du globe civilisé les produits de l'agriculture, de l'industrie et du génie : et quoique ces diverses classes d'hommes aient entre elles pour la plupart assez peu d'analogie, et partant peu de sympathie et de considération réciproques, il faut bien toutefois qu'elles s'accoutument à se supporter et même à s'estimer, puisqu'elles sont toutes utiles à la formation, au bon entretien ou à l'embellissement de la société, et qu'elles sont toutes destinées à contribuer à leur sûreté, à leur défense réciproque, ainsi qu'à leurs mutuels plaisirs.

Il n'y a guères que l'homme doué d'une raison supérieure qui sache toujours se défendre d'une sympathie brusque et déplacée, comme d'une antipathie injuste : lui seul peut apprécier chaque classe d'hommes ce qu'elle vaut réellement, parce que sa tête se compose en quelque sorte des élémens de toutes les autres; le grand tableau d'idées et de connoissances qui lui sont familières renferme presque tous les tableaux partiels qui déterminent l'esprit et le caractère de chacun, et son ame a une vaste sphère d'activité qui enveloppe toutes les ames communes. Dégagé des préjugés et des petites passions, lui seul sait comparer et juger avec justesse et impartialité, parce qu'il connoît tous les objets sur lesquels il prononce, et qu'il n'est point la dupe des apparences : réservant toute son horreur pour le vice et le crime, il est toujours plus porté à plaindre les hommes qu'à les mépriser et à les haïr. Une douce pitié, la bonté, l'indulgence et l'humanité forment le fond de son caractère; ses vertus ne sont jamais outrées, ses passions ont de la noblesse et de la décence, et ses vices (s'il en a) sont adoucis et corrigés par sa raison.

L'habitude que nous contractons sans nous en appercevoir, de lier ensemble l'esprit et la figure, les sentimens et la physionomie des personnes avec qui nous vivons, devient en nous le principe de ces sympathies et antipathies soudaines que nous éprouvons souvent par la suite (au premier aspect des gens) sans pouvoir nous en rendre raison : c'est de ce genre de sympathie dont parle Corneille quand il dit :

> Il est des nœuds secrets, il est des sympathies,
> Dont par le doux rapport les ames assorties
> S'attachent l'une à l'autre et se laissent piquer
> Par un je ne sais quoi, qu'on ne peut expliquer.

Une personne que nous n'avons jamais vue nous offre-t-elle tout-à-coup quelques traits d'un bon ami, d'un parent chéri, ceux d'une femme aimée, d'une maîtresse aimable, nous sympathisons avec elle, nous sommes disposés à lui prêter une partie des bonnes qualités de l'objet qui nous étoit cher; sa vue réveille en nous les passions qu'il nous inspiroit, les plaisirs dont il nous faisoit jouir; et cette illusion ne peut être détruite qu'après nous être assurés qu'il n'a aucune des ressemblances morales que promettoit d'abord la ressemblance physique. C'est encore par la même raison que souvent nous prenons du goût pour certains défauts dans les traits du visage, les manières, etc., parce que des personnes qui nous étoient chères ou qui unissoient à ces défauts-là de bonnes qualités, beaucoup d'esprit, de graces, etc. ont su nous les rendre aimables; (c'est ainsi que Descartes aimoit les yeux louches). De même si nous retrouvons dans un inconnu les traits d'un homme haïssable et détesté, ce premier abord renouvelle en nous l'aversion que celui-ci nous avoit inspirée; nous nous retraçons ses mauvaises qualités et ses vices, et il ne faut rien moins pour nous détromper que la connoissance approfondie du caractère de celui que nous avions d'abord jugé avec tant de légèreté et si peu de justice. En général on haît au premier abord une vilaine figure, comme on sympathise pour un beau visage; mais ce premier sentiment machinal est bientôt rectifié, fortifié ou détruit par la connoissance que nous prenons ensuite du moral des individus.

L'homme qui a vu et observé un très-grand nombre d'individus, celui qui passe sa vie au milieu des cercles, ou qui occupe une place propre à le mettre en relation avec beaucoup de monde: l'homme de cour, le ministre, etc., sont ordinairement habiles physionomistes, c'est-à-dire que, par le grand nombre d'observations qu'ils ont été à même de faire, ils ont acquis ce tact fin et délicat qui leur fait souvent deviner, par les traits du visage, les qualités de l'esprit et du cœur; car l'habitude des sentimens intérieurs et de certaines passions moule jusqu'à un certain point la figure. L'orgueilleux, l'ambitieux, le glorieux, le voluptueux; l'homme passionné et l'homme froid; l'homme d'esprit et le sot; l'homme doux et content, l'homme irascible et mécontent ont chacun leur physionomie; en un mot chaque passion devenue habituelle a ses signes distinctifs qui servent à la faire reconnoître d'un observateur attentif, et c'est cette liaison naturelle du moral et du physique, ou des sentimens et de la physionomie, qui a donné lieu au talent de *Lavater*.

Les règles de la morale entre particuliers peuvent se ramener aux lois de la sympathie : car puisqu'elles consistent à traiter les autres comme on voudroit en être traité; puisque si on leur fait du bien on peut raisonnablement espérer qu'on en recevra, et que l'on doit s'attendre que si on leur fait du mal ils le rendront, il s'ensuit que l'art de se conduire avec les hommes dépend beaucoup du talent de s'identifier avec autrui : ainsi donc, dans tous ces procédés envers eux, il faut, en agissant, en écrivant, en parlant, se mettre rapidement à la place de celui à qui l'on parle, à qui l'on écrit, ou envers qui l'on agit; et voyant alors clairement comment il recevra nos paroles, nos écrits et nos actions

actions (parce que nous sentons comment à sa place nous les recevrions nous-mêmes), on en conclut la manière dont il faut parler, écrire et agir.

Cette règle née du principe d'équité placé dans tous les cœurs, ou plutôt dans toutes les têtes, est absolument une et générale; et quoique son application soit jusqu'à un certain point subordonnée à la connoissance du caractère des individus, à la différence des conditions, des âges, des sexes, des positions, aux convenances enfin, on en peut faire découler les règles de la justice, de l'urbanité et de la politesse la plus rafinée, même celles de la galanterie. On voit donc que si l'on se conduit mal, c'est faute de n'avoir pas eu d'assez bons yeux, ou des yeux assez exercés pour voir sur-le-champ ce qu'il y avoit à faire pour se bien conduire, en s'identifiant avec les autres par une prompte et vive sympathie. Les écoles et les faux pas que l'on fait dans la société, les vices que l'on contracte, les travers et les ridicules qu'on se donne, les crimes même que l'on commet, et presque toutes les sources de chagrin et de malheur, viennent de ce que l'on n'a pas l'esprit assez vif, assez exercé, assez bien conduit, assez maître de ses passions, en un mot point assez d'expérience et de raison pour avoir prévu d'abord ce qui devoit résulter d'une démarche imprudente; et comme les mauvais procédés, soit qu'ils résultent de l'ignorance ou d'un vice de cœur qui lui-même est l'effet ordinaire d'une mauvaise habitude, d'une mauvaise éducation, mènent directement au malheur en nous enlevant l'estime et la bienveillance de nos semblables, c'est-à-dire les deux principaux biens de l'homme qui vit en société, il est évident de toutes les manières, que travailler à instruire, à éclairer les hommes, en un mot s'occuper du perfectionnement de leur raison, c'est leur ôter les moyens de se nuire à eux-mêmes, c'est travailler à les rendre heureux, enfin c'est être leur *bienfaiteur.* Puisse cette vérité devenir enfin si triviale, qu'elle ne puisse plus trouver de contradiction (1).

CHAPITRE III.

Importance de la formation des bonnes habitudes, premiers fondemens de l'éducation et de la morale.

TANDIS que notre corps se forme par la décomposition et l'addition régulière et continuelle d'élémens matériels, le moral naît et s'accroît peu-à-peu, et en même tems par la répétition journalière des mêmes mouvemens, des mêmes sensations, des mêmes idées et des mêmes sentimens, c'est-à-dire par la formation insensible des habitudes, de tous les sens ou organes extérieurs et intérieurs; et l'on peut dire à chaque instant de la vie que si le physique n'est que la somme des alimens pris par le corps sensible, assimilés avec lui ou transformés

(1) Je ne puis ici m'étendre davantage sur cet intéressant sujet: voyez la Théorie des sentimens moraux de *Smith*, traduite de l'anglais par madame Condorcet, et ses Lettres sur la sympathie, dont elle a enrichi cette excellente traduction.

en sa substance, le moral n'est que la somme des sensations reçues, répétées, conservées, combinées et liées les unes aux autres par la force de l'habitude.

L'esprit est donc formé d'idées, le cœur de sentimens, comme le corps l'est de parties matérielles, et tous trois peuvent varier prodigieusement par la nature des élémens respectifs qui les composent. Rien donc de moins indifférent que le choix de ceux-ci qui dépend en grande partie de nous, et nous ne pouvons apporter trop de soin pour démêler parmi ces trois classes d'élémens ceux qui peuvent donner au corps, à l'esprit et au cœur toute la force, l'étendue et le développement en bien dont ils sont susceptibles. Car si les alimens sont mauvais, le corps sera foible et languissant; si les idées sont petites, ou peu importantes, mal choisies, peu nombreuses et pas assez répétées, l'intelligence ou la force pensante n'aura que peu de rectitude, d'énergie et d'étendue; de même si le cœur humain n'est pas affecté et comme nourri de bonne heure par des sentimens purs, grands, généreux, il sera sans noblesse, sans élévation, sans délicatesse, sans droiture, en un mot il n'aura aucune des qualités nécessaires à l'homme vivant en société, soit qu'il obéisse, soit qu'il commande.

De même qu'à force de voir et de réfléchir, on acquiert l'habitude des idées, et l'on forme son intelligence et sa raison; de même aussi à force de jouir des mêmes objets, on acquiert l'habitude d'une certaine classe de sentimens et de procédés, et l'on forme son cœur centre de tous les penchans, comme la tête l'est de toutes les connoissances. Cette habitude formée donne naissance à la chaîne générale de nos affections, de nos besoins et de nos passions, laquelle jointe à celle de nos idées, détermine tout-à-fait en bien ou en mal notre caractère et notre conduite : cette double chaîne se décompose en autant de chaînons secondaires qu'il y a de besoins partiels, et de systêmes partiels d'objets et d'idées correspondans à chaque besoin, ceux-ci encore en d'autres, et ainsi de suite jusqu'à ce qu'on soit arrivé aux desirs élémentaires et aux idées simples qui les font naître. Et c'est ainsi que les objets extérieurs, toutes les parties de notre corps, nos sens, nos sensations, la volonté et l'intelligence forment un systême régulier où tout est parfaitement lié. Une chaîne d'objets extérieurs agissant sur un corps sensible, une chaîne de sensations et d'idées, une chaîne de desirs, une chaîne de mouvemens ou actions propres à les satisfaire, une chaîne d'habitudes produite par la répétition de ces mouvemens, enfin une chaîne de plaisirs et de peines venant à la suite, voilà tout le physique et tout le moral de l'homme.

Voyons maintenant jusqu'à quel point nous sommes maîtres d'imprimer à nos enfans, à nos élèves, de nous imprimer à nous-mêmes cette forme précieuse qui, en donnant à nos facultés physiques et morales un *maximum* de développement, de régularité et de force, peut nous donner ce *maximum* de jouissances et de bonheur qui en est la suite. Examinons 1°. si le mouvement ne seroit pas le principe de toutes nos habitudes, car alors maîtres de régler et de diriger les mouvemens des différentes parties de notre corps (1), nous le serions aussi de présider au choix et à la formation de ces dernières; 2°. si le caractère de chaque individu ou cette forme à-peu-près constante que prend l'homme arrivé à une certaine époque de sa carrière, est autre chose que la somme de ces habitudes, et par conséquent un fruit de l'éducation; 3°. si cette éducation elle-même est en général autre chose que la somme des idées et des sentimens qui nous sont transmis par la nature, par les hommes, les livres et notre propre réflexion; en un mot tâchons de bien distinguer ce qui appartient à cette force cachée qui nous a rendus sensibles, et qui organise journellement tous les animaux et les végétaux, d'avec ce qui appartient aux objets extérieurs, à nos parens, à nos maîtres, à nous-mêmes.

Nous n'avons pris naissance que par le mouvement, nous ne nous sommes accrus et développés que par lui, nous ne vivons que par lui, nous ne périssons que parce que le mouvement du sang et le jeu fondamental de la respiration (premiers principes de la végétation et de la vie des animaux) nous sont ravis par une force quelconque, et alors même il n'y a point de cessation absolue, mais une sorte de variation et de direction nouvelle dans le

(1) Plusieurs mouvemens intérieurs (la circulation du sang et des humeurs, la digestion, etc.) sont indépendans de la volonté, et de leur ensemble résulte un système d'habitudes et de facultés instinctives sur lesquelles nous n'avons que peu ou point de prise.

mouvement de la machine animale qui continue de fermenter et de se décomposer pour recomposer de nouveaux corps ; en un mot c'est le mouvement qui nous fait *naître*, *vivre* et *mourir*.

Si c'est à lui que nous devons la génération de notre corps, tous nos sens, la vie en un mot, c'est aussi lui qui nous a donné toutes nos sensations, et partant nos idées, nos sentimens, nos besoins ; et c'est encore lui qui, par l'action réciproque des corps extérieurs et du nôtre, entretient journellement l'exercice de notre sensibilité ; enfin il est le père de toutes nos habitudes.

C'est à force d'appliquer la main, l'œil et tous les sens sur les différens corps, que nous avons appris à les reconnoître, et formé le systême général de nos sensations ou connoissances primitives : par exemple, c'est à force de diriger l'œil sur les divers caractères de l'alphabet que nous sommes parvenus à les distinguer, à les reconnoître, ainsi que leur combinaison deux à deux, trois à trois, etc., ou les syllabes et les mots, et que nous avons appris à lire : c'est à force de tracer avec la main les mêmes caractères, que nous sommes venus à bout de le faire avec exactitude, et que nous avons appris à écrire ; nous avons de même appris à prononcer et à parler correctement, en formant peu-à-peu par une suite de mouvemens très-répétés la langue à l'articulation des sons, et l'oreille à la distinction, à la reconnoissance de ces mêmes sons, comme nous avions habitué l'œil à reconnoître les figures et la main à les tracer. — En un mot ce n'est que par une répétition fréquente, longtems continuée des mouvemens de l'œil, de la main, de la langue et de l'oreille, que nous avons contracté l'habitude de faire si sûrement et si promptement l'un et l'autre. C'est par le mouvement bien dirigé et souvent répété des mêmes organes que l'on apprend le calcul, le dessin, la musique, la peinture, la sculpture : c'est par la répétition des mouvemens des bras, des jambes et de toutes les parties du corps, que l'on apprend à marcher, à courir, à danser, à nager, à faire des armes, etc., en un mot que l'on se forme à tous les exercices du corps ; enfin les arts mécaniques, les beaux arts et les sciences ne doivent leur apprentissage qu'à une série de mouvemens plus ou moins répétés par les organes de l'œil, de la main, de la tête, etc. ; de même que toutes nos facultés intellectuelles, l'attention, la réflexion, la mémoire, l'imagination, l'intelligence, la raison (*ou l'ensemble des habitudes du cerveau*) ne doivent leur existence et leur formation qu'à une série de sensations et d'idées plus ou moins répétées, suivant que la série des mouvemens corporels qui les produisent, les renouvellent et les entretiennent, l'est plus elle-même.

Rien d'inné dans nos connoissances ; nous avons tout appris. L'animal naissant n'est encore qu'une masse de chair à peine sensible ; mais de l'instant où il a commencé à l'être, il a reçu les leçons du toucher, ou plutôt la sensibilité ne naît qu'avec ce sens dont l'exercice commence dans le sein même de sa mère : de l'instant où il s'est senti, c'est-à-dire, où il a distingué son corps d'avec le sien, la vie a commencé pour lui : elle s'est accrue peu-à-peu par la répétition et la continuation du mouvement, et son moral a de même pris un foible degré d'accroissement. En sortant de la première enveloppe et passant dans l'atmosphère, il reçoit de nouveaux sens, et par le contact de nouveaux corps un nouveau systême de sensations qui se répète et s'accroît tous les jours. A mesure que les solides, les liquides et les fluides qui touchent, pénètrent ou composent sa machine, donnent à son corps et à ses sens plus de consistance, ses sensations croissent aussi en nombre, en étendue et en intensité; le cours régulier du sang et des humeurs en s'affermissant accroît sa force motrice, et il se forme dans les parties extérieures du corps une série de mouvemens extérieurs et visibles correspondante à une suite réglée de mouvemens intérieurs et cachés dont elle dépend; et cette double série détermine à-la-fois les facultés de l'instinct et les habitudes de la volonté. A mesure que l'enfant se fortifie, il apprend à mouvoir avec plus de promptitude et de justesse toutes les parties de son corps : son œil sait se diriger sur tous les objets extérieurs, les discerner, les comparer et les mesurer; sa main peut les parcourir et les analyser ainsi que l'œil en se portant tour-à-tour sur chacun d'eux. L'oreille analyse les sons, le nez les odeurs, et la langue les saveurs; tandis que le cerveau, point central de la sensibilité animale, à force de recevoir autant d'espèces de sensations qu'il y a de sens pour les lui transmettre, acquiert l'habitude de les conserver, de les faire renaître, de les combiner, et devient par là le principal organe de la mémoire, de l'intelligence et de toutes nos facultés mentales, comme le cœur est le principal siége de tous les sentimens naissans de l'action du cerveau et des objets extérieurs.

Nous venons de voir comment par l'exercice des sens on acquiert toutes sortes d'habitudes, de talens et de connoissances, et l'on développe ainsi le germe de toutes ses facultés : mais ces mêmes facultés, comme les idées, les desirs et les passions dont elles résultent, auront d'autant plus d'énergie et d'étendue, que l'organisation primitive aura elle-même plus de perfection. Nous devons donc à la nature les premiers instrumens de notre perfectibilité et de nos jouissances, ils résident dans les organes dont elle nous a doués et qui varient en nombre, en souplesse, en force, en délicatesse, etc. dans les diverses classes d'animaux, et même chez les individus de la même classe. Néanmoins ces différences primitives ne sont pas aussi considérables que bien des gens le pensent ; à quelques exceptions près, tant en plus qu'en moins, qui déterminent chez les hommes les deux limites du génie et de la stupidité, tous les êtres organisés de la même espèce se ressemblent à-peu-près en naissant : tous les paysans d'un même village, les sauvages composant une même horde, les enfans nés en même tems dans une même ville ou sur un même point du globe me paroissent aussi ressemblans que les épis croissans dans un même champ et les chênes d'une même forêt ; et si par la suite on remarque en eux de si grandes différences, elles sont sur-tout l'effet de celle qui a régné dans leur éducation qui est sans contredit la cause la plus puissante de la diversité des passions, des talens et des caractères. — En effet c'est elle qui préside à la formation de presque toutes nos habitudes ; et que sont nos talens, nos facultés, sinon le résultat d'un certain nombre d'habitudes des sens, du cerveau et de toutes les parties du corps, puisqu'ils consistent à faire promptement et bien ce que l'on a souvent fait ? nos passions ne sont, comme nous l'avons vu, que des habitudes de desirs et de jouissances ; les bonnes habitudes ou nos vertus et nos bonnes qualités ne sont que nos passions bien réglées et dirigées vers notre plus grand bien et celui de la société (comme nos mauvaises habitudes ou les vices ne sont que ces mêmes facultés mal réglées et soumises à une direction contraire au bien public et à notre bien-être particulier). Enfin le *caractère* (ou la forme déterminée du moral de chaque individu) est *le résultat de la somme totale de ces habitudes.*

Mais, me dira-t-on, puisque les hommes naissent à-peu-près égaux, et puisque le développement de leurs facultés dépend presqu'uniquement de l'éducation, pourquoi donc tant de diversité dans des hommes qui ont reçu la même éducation ?

Pour répondre à cette objection assez forte en apparence, voyons si et jusqu'à quel point l'éducation de deux hommes peut être la même, et pour cela tâchons d'analyser rigoureusement ce mot *éducation.*

CHAPITRE IV.

Analyse du mot éducation ; *élémens dont elle se compose.*

1°. J'ai déja dit que nous avions bien des maîtres ; le premier de tous est la nature qui, en nous donnant des sens (ou des instrumens à sensations et à idées), a fait les premiers frais de notre éducation ; et quoique ces instrumens diffèrent peu dans la grande masse des hommes, ils ont cependant entre eux de petites différences originelles qui sont le premier principe de l'inégalité de nos passions, de nos facultés et de nos connoissances.

2°. Chaque sensation transmise par nos organes est une leçon de la nature et un élément de notre éducation ; et comme le système général de nos sensations dépend de celui infiniment varié des localités et des situations où nous nous trouvons depuis la naissance jusqu'à la mort, il s'ensuit que les leçons de la nature continuées d'une manière si variable durant tout le cours de la vie, ne sont jamais ou presque jamais les mêmes pour deux individus.

3°. Il peut exister plus d'uniformité dans celle des hommes, mais observons que ces leçons que nous recevons de nos parens, de nos précepteurs dans la maison paternelle, les pensions et les colléges, etc.

ne commencent qu'à un certain âge, et alors celui précédemment écoulé et durant lequel nous avons déja pris le germe de la plupart de nos connoissances, de nos habitudes et de nos passions (c'est-à-dire, les premiers élémens de notre éducation et de notre caractère,) a été soumis au principe d'inégalité dont je viens de parler, et durant cet intervalle, les leçons que nous avons reçues de tous les objets animés ou inanimés, qui nous entouroient et qui ont frappé nos sens d'une manière plus ou moins vive, ont été différentes ; d'ailleurs, les leçons de nos précepteurs, de nos professeurs, etc. ne font pas la même impression sur l'esprit de leurs élèves, qui tous n'y donnent pas la même attention ; or, qui ne sait qu'une seule idée bien saisie, a souvent allumé une passion, fait naître un goût et germer un talent : elles n'occupent qu'une partie du jour, du mois, de l'année, le reste du tems est à nous, nous en disposons à notre gré, et d'ordinaire chacun d'une manière différente, ce qui fait que les sensations (ou leçons naturelles) que nous recevons alors, ne sont plus les mêmes. D'un autre côté, nos instituteurs ne sont pas nos seuls maîtres, nous en avons autant que nous comptons de parens, d'amis, de camarades, de maîtresses et en général de connoissances (*L'homme moral est fils d'un grand nombre de pères*). Chacun d'eux nous donne des idées, des conseils, des exemples et des goûts qui presque toujours agissent plus puissamment sur nous, que les préceptes de nos maîtres et qui en se croisant et se combinant avec eux de mille manières différentes, présentent des résultats si variés qu'il est presqu'impossible qu'ils soient les mêmes pour deux individus : donc l'éducation des hommes n'est pas plus la même pour nous que celle de la nature.

4°. Passons à celle que nous nous donnons à nous-mêmes. Nous venons de voir que dans le double système d'éducation précité, s'il est des leçons que nous recevons en commun, il en est plus encore qui sont particulières à chacun de nous, parce que du matin au soir ou tandis que nous avons les yeux ouverts, nous ne cessons de nous instruire au milieu d'un système d'objets que chacun de nous regarde avec plus ou moins d'attention et analyse plus ou moins bien (car l'univers est une vaste et magnifique école toujours ouverte à l'homme qui a de bons yeux, et les connoissances que nous y puisons valent souvent beaucoup mieux que celles de nos précepteurs) : or, puisque parmi les leçons qui nous sont transmises par ce double canal, une partie se trouve nécessairement différente, j'en conclus que l'éducation que l'on se donne, ne sauroit être la même. En effet elle consiste 1°. à bien conduire ses sens dans l'étude des objets naturels et l'observation des faits ; 2°. à lire avec fruit ou à bien analyser un certain nombre de bons livres afin d'en extraire la quantité d'idées justes et de faits exacts ou la portion de vérité qu'ils contiennent ; 3°. à composer et décomposer par la réflexion, tout ce que nous avons de connoissances actuelles ; à vérifier les idées élémentaires qui les composent, (car ce n'est pas peu de chose que de bien s'assurer de ce qu'on a dans la tête et de ce qu'il y a de vrai et de bon dans cet immense recueil de registres nommés *livres*), à combiner ensuite ces élémens ainsi vérifiés de toutes les manières possibles, afin d'en former une série de nouveaux résultats, de nouvelles découvertes : or, les élémens combinés étant différens ainsi que la faculté qui les combine, les produits qui en résultent le sont nécessairement aussi.

5°. Ce n'est pas quand nous sortons du collége ou des mains de nos précepteurs, que notre éducation est finie ; notre cours d'études dure autant que la vie, et c'est au moment où nous sommes lancés dans le monde, que le système de nos sensations s'aggrandissant tout-à-coup avec celui de nos relations en tout genre, nous recevons les leçons les plus importantes et les plus multipliées ; c'est alors qu'une nouvelle existence commence pour nous : alors naissent avec de nouvelles connoissances, de nouveaux besoins, une nouvelle manière de voir, de sentir et d'agir ; alors l'exemple, l'opinion, les préjugés publics et les maximes du gouvernement prennent sur nous un empire despotique qui contrarie et modifie plus ou moins la première éducation : enfin c'est alors que nos passions reçoivent tout leur développement, que notre caractère prend sa forme et qu'il est plus impossible que jamais que deux individus reçoivent la même éducation, puisque chacun de nous (élève de tous les objets qui l'environnent) étant d'ailleurs le maître d'employer à son gré, son tems et sa fortune, presque tous en font un usage différent. Chacun a sa manière de jouir de sa liberté, la plupart suivent une carrière différente, et ceux qui courent la même, éprouvent toujours dans leur existence et par conséquent dans leur éducation, de grandes inégalités produites par celles de leurs occupations, de leurs plaisirs, de l'emploi de leurs loisirs, de leurs amis, de leurs maîtresses, de leurs sociétés et de leurs relations, de leurs lectures, de leurs voyages, etc.

Donc dans aucun cas, l'éducation de deux hommes ne peut être rigoureusement la même; du moins il y a presque l'infini à parier contre un, que la chose ne sauroit être ainsi; et de là, cette étonnante variété des esprits et des cœurs qui ne distingue pas moins tous les individus de l'espèce humaine que celle des visages et des corps.

Les hommes n'étant que le produit nécessaire de l'organisation et de l'éducation, l'instituteur et le législateur seroient donc toujours les maîtres de leur imprimer telle ou telle forme s'ils pouvoient diriger à leur gré l'un et l'autre. Le premier de ces deux élémens producteurs du moral de l'homme, est donné par la nature dans un état de perfection plus ou moins grand, mais il n'est point uniquement soumis à l'empire de cette force organisatrice, l'homme peut lui en disputer une partie puisqu'il a le choix des alimens dont notre corps et tous nos sens sont composés, ainsi que des mouvemens et des habitudes dont ils sont susceptibles; il peut par la faculté de choisir entre tous les animaux et les végétaux, les solides et les liquides destinés à former le corps humain, n'employer que ceux propres à donner aux organes plus de force et de finesse, de souplesse et de perfection : la qualité de l'eau, de l'air, la quantité de lumière et de calorique dont l'enfant est frappé journellement ; le lait dont il est nourri, le choix des lieux qu'on lui fait habiter, tous les corps qui l'approchent, avec qui on le met en contact, ou sur lesquels il se repose, le tems de l'activité et du mouvement, celui du repos et du sommeil, les jeux, les exercices gymnastiques, les promenades, le ressort puissant de l'émulation, l'aiguillon des récompenses et des châtimens, etc. sont dans la main d'un homme habile autant de données propres à modifier continuellement et puissamment le premier ouvrage de la nature et que nous emploierions avec le plus grand succès, si nous savions toujours les découvrir et saisir les plus propres à conduire au but. Malheureusement il s'en faut de beaucoup que les choses soient ainsi : nous sommes loin de connoître parfaitement l'action de tous les corps sur le notre ; nous ne sommes pas encore initiés aux mystères les plus secrets de la nature, nous ignorons ses opérations les plus cachées (dans la végétation, la nutrition, la digestion, l'animalisation, la génération, etc.). Espérons que la chimie, l'anatomie, la physiologie, en un mot l'analyse de l'homme physique et celle de l'homme moral, (toutes deux sont inséparables) en se perfectionnant et se combinant, nous feront quelque jour mieux connoître les lois de l'organisation et de la sensibilité (1) et qu'alors il nous sera

---

(1) La sensibilité est (ainsi que toutes les facultés et qualités

possible

possible en démêlant clairement ce qui appartient au mécanisme des organes et à l'éducation, de fixer les limites respectives de ces deux puissances, (1) d'assigner l'action réciproque du physique et du moral, et de remédier aux dérangemens qui surviendroient dans l'un ou l'autre de ces deux systêmes, etc. mais pour que la chose ait lieu, il faut pouvoir connoître l'homme comme l'horloger connoît sa montre et un ingénieur-constructeur son vaisseau. Au reste, malgré l'énorme différence existante entre la médecine telle qu'elle est, et la médecine telle qu'elle devroit être ou que l'on conçoit qu'un jour elle pourra être, (d'après le perfectionnement de toutes les branches de l'histoire naturelle et sur-tout de celle de l'homme) il n'en est pas moins vrai que le premier instituteur de l'enfant, devroit être un bon médecin, (un médecin philosophe) et que de l'instant où cette science, qui est encore au berceau (vu sa grande complication et l'immense étendue de son domaine) aura atteint un plus haut degré de perfection, elle deviendra un puissant instrument pour changer ou atténuer les vices de l'organisation, créer peu à peu de nouvelles générations plus saines, plus vigoureuses, et par là

---

qui en dérivent) une fonction mathématique de l'organisation ; elles varient l'une avec l'autre, et l'une par l'autre ; elles naissent ensemble, croissent et s'affermissent ensemble, et finissent par s'évanouir ensemble.

(1) Voyez le chapitre 10 de la première partie, page 432, et le chapitre 9 de la seconde.

diminuer l'inégalité primitive des hommes, en donnant à tous des corps robustes, des organes sains et propres à recevoir l'éducation des objets naturels, celle des hommes, et celle de nos propres réflexions.

Voilà la triple éducation presqu'entièrement en notre puissance et sur laquelle un père, un précepteur, un législateur, doivent constamment avoir les yeux ouverts, puisque la forme et la valeur réelle des élémens (les hommes) qui composent chaque société, en est un résultat nécessaire, et que c'est des lumières, de la force, de la liberté et du bonheur de chaque individu, que doivent se composer les lumières, la force, la liberté et le bonheur publics.

L'organisation, l'éducation des objets, celle des hommes, enfin celle des livres et de la réflexion doivent donc toutes quatre concourir au même but; et la première, la plus constante attention qu'il faut avoir, est d'écarter soigneusement de chacune de ces quatre puissances créatrices de nos facultés tous les élémens opposés et qui, agissant en différens sens, tendroient comme des forces contraires à s'entre-détruire, jetteroient l'embarras, la confusion et l'obscurité dans la tête et le cœur de nos élèves, et en feroient des hommes sans connoissances, sans vertu, sans génie et sans caractère.

Il résulte de là que par tout le globe 1°. les lois civiles doivent être conformes à l'organisation ou aux lois de la nature humaine; 2°. que l'éducation publique doit être conforme aux lois civiles et naturelles; 3°. et l'éducation particulière ou domestique d'accord avec celle-ci, à laquelle elle ne doit être qu'une introduction. — Alors, mais alors seulement, l'homme élevé sans contradiction pourra se flatter d'être l'homme de la nature et de la raison: n'étant plus froissé sans cesse entre l'erreur et la vérité, n'étant point mu par des forces contraires, il ne sentira plus dans son cœur ces combats, ces remords, cette guerre intestine qui presque toujours et par-tout déchire et bouleverse l'ame des hommes: généralement mal élevés et soumis à la double impulsion des préjugés et de la lumière naturelle, ils semblent ne réunir en eux comme deux ames ou deux principes différens que par suite de l'opposition des maximes qui les dirigent, et le cahos de toutes leurs idées. L'homme bien élevé, au contraire, sent toujours dans sa tête comme dans son cœur cette unité de raison et de principes qui le dirigent vers le bien; il est juste et vertueux sans peine et sans efforts, et le calme et la paix règnent chez lui.

Concluons que par-tout où le gouvernement est mauvais, l'éducation ne sauroit être bonne, et que dans tout pays où les citoyens reçoivent une excellente éducation, le gouvernement ne peut être mauvais; heureux donc les peuples chez qui l'instruction, la religion et les lois sont d'accord entre elles, et d'accord avec la nature et la raison.

CHAPITRE V.

De l'art de bien former le système de nos habitudes, ou idées fondamentales sur un bon plan d'éducation.

INTRODUCTION.

Le but final de toute éducation étant ou devant être le bonheur, voyons comment il est possible de le faire naître sûrement d'un bon plan en ce genre, lequel doit former le premier élément et la base de toutes les institutions sociales.

Comme le bonheur des sociétés n'est que la somme de toutes les félicités individuelles, c'est résoudre le problême que de bien déterminer les vraies causes productrices du bonheur des individus ; et puisque nous ne desirons que ce qui nous est connu et que nos desirs croissent avec nos lumières, il ne s'agit (toutes choses égales d'ailleurs) pour être le plus heureux possible que d'être assez éclairé pour démêler parmi tous les objets et les états desirables, quels sont ceux qui méritent constamment la préférence, et quel est le système des moyens les plus propres à acquérir et à conserver les vrais biens.

Il faut distinguer dans le bonheur deux choses principales, le nombre et la qualité des jouissances qui le composent, et la durée ainsi que la stabilité de chacune d'elles; et chacune de ces quantités étant la plus grande possible, leur somme le sera elle-même : or la vie de l'homme n'étant que la somme totale des sensations qu'il reçoit depuis le commencement jusqu'à la fin de son organisation, et le bonheur n'étant que celle des sensations ou des situations agréables, plus la vie humaine sera longue, plus on pourra (toutes choses égales d'ailleurs) être heureux ; mais cela ne suffit pas, il faut encore être bien organisé, bien portant et bien élevé.

L'homme formé de ces deux élémens, le *physique* et le *moral*, sera d'autant plus heureux que l'un et l'autre sera plus parfait, et il faut pour les communiquer tous deux dans un degré éminent, les posséder soi-même ; il faut pour engendrer le corps de l'homme un corps sain comme il faut une bonne tête pour créer son être moral ou diriger son éducation :

Mens sana in corpore sano,

Voilà en deux mots toute l'humaine félicité, le but de tous les desirs, et le dernier terme de nos efforts.

Il semble que les lois (au défaut de la raison) devroient interdire aux hommes difformes, ou usés et avilis par la débauche, la faculté de reproduire leurs semblables, puisque cette faculté ne peut guères être chez eux que le pouvoir de créer des misérables en faisant en même tems le malheur de la triste compagne ou plutôt de la victime de leurs plaisirs.

Le législateur qui veut créer une société d'hommes heureux, doit donc s'efforcer de la composer d'une colonie d'hommes sains et bien organisés ; et si au lieu d'une société naissante celle dont il s'occupe est vieille et infectée de vices qui aient affoibli les corps, les esprits et les cœurs, il doit songer d'abord à la régénérer peu-à-peu, en appelant à son secours toutes les ressources de l'art et toute la puissance du génie pour établir un régime réparateur (physique et moral) propre à rappeler insensiblement la vigueur dans des corps, des esprits et des cœurs dégradés. L'homme étant une fois propriétaire de bons organes, aura déja les principaux instrumens des connoissances et des plaisirs, il ne s'agira plus que d'en augmenter et d'en diriger l'énergie le mieux possible, et c'est là que doit briller la force magique, j'ai presque dit la toute-puissance de l'éducation particulière ou publique qui en donnant au corps, à l'esprit et au cœur de l'homme tout leur développement en bien, aura ainsi completté son bonheur, en lui donnant les instrumens de toutes les jouissances que comporte sa nature.

La santé, les lumières et les mœurs, voilà la triple source du bonheur particulier et public. Soigner, développer, fortifier et faire durer autant que possible le corps de l'homme à l'aide d'un régime convenable; éclairer son esprit par la culture des sciences et des arts, et soumettre son cœur au joug sacré des lois et des bonnes mœurs (*filles des bonnes lois et de la raison*), voilà donc le travail et la triple tâche du médecin, de l'instituteur philosophe, et du législateur.

Mais malgré tous nos efforts, notre bonheur ne sera jamais parfait, *nihil est ab omni parte beatum*;

car on ne peut empêcher entièrement certains contacts désagréables ou une action incommode de la part des corps environnans, ni se soustraire tout-à-fait et toujours à toutes les sensations désagréables tant intérieures qu'extérieures. Outre cette foule de maux et d'accidens causés par une force supérieure ou imprévue (une chûte, une mauvaise digestion, une maladie, les injures du tems, les rigueurs des saisons, etc.), on n'est pas sûr de pouvoir toujours éviter les atteintes qui nous sont portées par la méchanceté, l'envie, l'injustice ou l'ingratitude des hommes; on n'est pas le maître de se soustraire entièrement à l'empire des passions haineuses et brûlantes, mais on peut leur donner assez vîte le change, en reportant sur-le-champ son esprit et son cœur vers le travail, l'amitié, les sciences et les arts consolateurs. — D'ailleurs, outre que l'homme qui jouit de tout avec modération (c'est-à-dire sans excéder ses forces et blesser les droits d'autrui) n'est presque jamais malade, est peu exposé aux tracasseries, et parcourt le cercle de la vie aussi sûrement que les animaux guidés par l'instinct et peu sujets aux maladies, il trouve dans la force de sa raison, l'étendue de son esprit, et la noblesse de son cœur, les moyens de supporter et de combattre le malheur lorsqu'il est inévitable, et c'est là que se montre encore tout l'avantage d'une bonne éducation, dont l'art de souffrir comme celui de jouir doit nécessairement faire partie, puisque c'est à cette double opération que la nature a voulu réduire les fonctions de la vie.

Nous avons vu 1°. que c'est le mouvement qui préside à la formation de toutes nos habitudes ; 2°. que nos passions, nos talens, notre caractère ne sont autre chose que la somme de ces habitudes plus ou moins étendues, développées et perfectionnées par l'exercice des sens ; donc puisque nous avons la faculté de régler et de diriger les mouvemens des différentes parties du corps humain, il dépend en grande partie de nous de donner à nos élèves, dans un degré plus ou moins éminent, toutes sortes d'habitudes, ou de leur en laisser prendre eux-mêmes qui soient leur ouvrage ou le nôtre beaucoup plus encore que celui de la nature. Tout se réduit donc à saisir parmi toutes les habitudes possibles celles qui, pour chaque état, peuvent donner à l'homme qui les a contractées la plus forte dose de bien-être, et le conduire à ce but souhaité par le plus sûr et le plus court chemin, en économisant le tems le plus possible ; car il ne faut jamais perdre de vue que l'espace de la vie est fixé pour nous par la nature, et que la hauteur à laquelle l'esprit humain peut s'élever durant ce tems donné par elle, ainsi que le degré de perfection dont toutes nos facultés sont susceptibles, dépendent sur-tout de l'emploi économique et raisonné que nous aurons su faire de cette donnée commune, de cet élément constant et fondamental (*le tems*), qui préside à tous les travaux de la nature comme à ceux de l'homme dont il détermine et mesure l'importance ainsi que la durée.

Parmi les différentes habitudes que l'homme peut contracter, il en est de nuisibles à nous-mêmes et à nos semblables, qui ne peuvent que nous détourner de la ligne du bonheur et nous jetter dans la route opposée; ce sont les habitudes vicieuses qu'il faut élaguer avec soin, en ne conservant que les habitudes avantageuses pour nous et pour les autres; ce sont les habitudes vertueuses dont la somme compose les bonnes mœurs, et que par conséquent il faut cultiver et développer avec une attention continuelle; car, on ne peut trop le répéter, la vertu ou *probité pratique* n'est que l'habitude des actions vraiment utiles aux hommes, comme le vice est l'habitude des actions qui leur sont réellement nuisibles : ajoutons (de peur qu'on ne l'oublie) que toutes les vertus sont filles de la raison, comme tous les vices sont enfans de la déraison et de l'erreur.

L'on voit qu'un traité d'éducation ne sauroit être bien fait sans connoître à fond le corps, la tête et le cœur de l'homme, puisque cette science n'est que l'art de former et de développer ces trois parties. — Remédier autant que possible aux vices passagers ou durables de l'organisation, et créer solidement le système général de nos habitudes physiques et morales, c'est véritablement créer l'homme; et l'éducation est en quelque sorte une seconde organisation.

N'étant point médecin, et ne croyant point à l'infaillibilité de la médecine, qui n'est guères encore qu'un assemblage de faits incohérens, et qui, quoique s'occupant de la partie la plus utile, la plus déliée de la physique expérimentale, ne me semble pas pouvoir de longtems former une science exacte et régulière, vu l'immense complication de ses élémens, etc.; ne pouvant d'ailleurs me livrer à des détails que ne comportent point les limites que j'ai assignées à ce livre, je me bornerai à tâcher de soumettre à une analyse sommaire aussi exacte que pourront me le permettre l'étendue de ma tête et l'état des données actuelles, les principaux fondemens d'une bonne éducation qui, au reste, se trouvent disséminés dans les diverses parties de cet ouvrage, ayant toutes pour but de produire le meilleur développement de nos facultés.

Sans entrer dans des digressions anatomiques et philosophiques, commençons par observer une chose évidente, savoir : que le corps de l'homme ou de tout autre animal n'est que la somme des alimens qu'il a pris depuis le premier développement de son germe (ou celle des parties animales, végétales et minérales, introduites dans l'intérieur de la machine et décomposées là par une sorte d'opération chimique encore peu connue, nommée *digestion*), moins la somme des parties rendues par la transpiration insensible et les voies excrétoires: d'où il suit

1°. Que les alimens variant, le volume et le poids, la forme et la qualité du corps de l'animal doivent varier, et de là une des causes principales de la différence de couleur, de tempérament, de vigueur, etc. existante entre les diverses espèces d'hommes et d'animaux qui peuplent le globe, et même entre les différentes familles de végétaux, car ceux-ci se nourrissent de l'air et des sucs de la terre qu'ils pompent par un mécanisme particulier pour les transmettre ensuite aux animaux, qui se les approprient par un mécanisme différent, mais dont le but est de les faire croître de la même manière par l'absorption et l'addition continuelle de gaz et de sucs nourriciers :

2°. Que le choix des alimens influe plus qu'on ne pense sur le physique de l'homme et des animaux, et par conséquent sur leur moral tellement lié avec le premier, que l'un ne peut varier sans que l'autre varie en même tems (de même que dans une fonction de deux quantités variables liées entre elles par une équation algébrique, le changement de l'une entraîne nécessairement celui de l'autre). Ainsi l'on pourroit dire avec assez de raison (et d'ailleurs l'expérience vient à l'appui), que tel aliment donne de l'esprit, que tel autre rend bête ; l'un gai, l'autre triste ; l'un robuste, l'autre foible et languissant ; l'un doux, l'autre féroce, etc. :

3°. Par conséquent, que l'art de former des corps vigoureux et de prolonger autant que possible la vie humaine consiste en partie à trouver le système d'alimens les plus propres à conduire à ce but ; et comme l'air forme une partie essentielle de la nourriture animale en se décomposant dans les corps vivans qui le respirent continuellement, sa qualité, sa pureté plus ou moins grandes doivent avoir une haute influence sur la santé et la durée de la vie, ce que tout le monde sait être confirmé par l'expérience : on ne sauroit donc multiplier assez les observations sur ce grand et principal agent de la vie, dont l'analyse est pour nous si importante.

La qualité et la quantité de la nourriture solide ou liquide, doivent être appropriées à l'âge, à l'état, à la force des organes de l'enfant; et comme il n'en est pas qui convienne mieux à ses premiers jours que le lait de sa mère, quand elle est bien portante, il s'ensuit que toutes les mères doivent elles-mêmes allaiter leurs enfans, ce qui a lieu dans toutes les classes d'animaux vivipares et mammifères. — L'on sent que pour arriver à cette conséquence si simple, si aisément apperçue par le bon sens; pour persuader cette vérité presque triviale, il est inutile de recourir à tout l'échafaudage d'une éloquence étrangère et souvent contraire à la noble simplicité de la philosophie et de la raison.

On doit ne faire prendre aux enfans, que des mets simples, en petit nombre, faciles à digérer: il faut les habituer à les bien mâcher, moyen simple d'en préparer, d'en accélérer la digestion et d'éviter les suites, souvent funestes, de la trop grande précipitation dans le manger; et cette attention, quoique minutieuse en apparence, ne laisse pas d'être très-importante. Il faut donner à manger aux enfans souvent et peu, afin de les tenir en appétit, d'exercer et de fortifier peu-à-peu leur estomac et le rendre plus propre aux importantes fonctions de la digestion. Leur boisson destinée à délayer les alimens solides, à leur tenir le ventre libre, etc., doit être simple et pure; de bonne eau seroit peut-être la meilleure et la plus naturelle, car nous voyons que c'est la seule que connoisse cette foule d'animaux si allègres et si bien portans, que nous pourrions regarder comme nos maîtres en médecine, sur-tout dans l'éducation purement corporelle. On doit leur interdire avec soin les alimens trop forts, âcres ou acerbes, les sauces piquantes, les ragoûts, les vins, les boissons fermentées, les liqueurs fortes, etc., qui affoibliroient ou useroient trop vite leurs jeunes organes; d'ailleurs un si grand nombre de matériaux différens, entassés dans l'estomac où ils fermentent et se décomposent comme dans un appareil de chimie, ne peuvent manquer de produire une digestion pénible et laborieuse, et de fatiguer considérablement ce précieux organe (du bon état et de la force duquel dépend en grande partie, la durée du corps sensible) par un développement de gaz qui produisent fréquemment les déchiremens et les coliques les plus violentes. L'estomac des animaux n'étant naturellement susceptible que d'un nombre déterminé de ces opérations chimiques, nommées *digestions*, d'où résulte l'entretien de la vie, qui cesse quand ce nombre est rempli; on sent que plus chacune de ces opérations sera facile et simple, plus le nombre en sera grand, et plus l'animal vivra longtems, toutes choses égales d'ailleurs.

Tout procédé tendant à gêner les mouvemens de l'enfant, seroit vicieux et doit être évité; ainsi point de maillot, point de ligatures et de compresses, point de ces entraves par lesquelles on semble vouloir dès en naissant, mettre à la gêne ou à la question ces innocentes et intéressantes créatures; il faut les laisser s'étendre et se rouler à leur aise dans un large berceau, sur une couchette qui ne soit ni trop dure, ni trop molle, mais élastique et saine : seulement, il faut pour remédier à leur malpropreté naturelle, leur donner souvent du linge nouveau et les baigner tous les jours, d'abord dans de l'eau tiède ou à la même température que leur corps, et qu'ensuite on laissera refroidir peu-à-peu et par degrés, jusqu'à ce qu'ils puissent la supporter froide, sans douleur et sans en être incommodés.

L'enfant commence-t-il à marcher seul, il faut continuer de laisser à son corps et à sa petite volonté une liberté illimitée, tant qu'elle ne pourra lui devenir nuisible : il faut le laisser s'ébattre, courir, sauter, tomber, se relever, etc., sans donner à ce premier exercice, à ces premiers essais de sa force, d'autre attention que celle de le mettre à l'abri du danger.

Il faut dans ses vêtemens, ne consulter que l'aisance et la propreté, et proscrire sur-tout dans le premier âge, tout ce qui pourroit nuire à la facilité des mouvemens, au libre accroissement du corps, et au développement des belles formes. Il est bon de l'accoutumer à avoir habituellement la tête nue, et à ne porter qu'un même habit dans toutes les saisons : il faut de bonne heure et peu-à-peu l'habituer à souffrir patiemment le froid, le chaud, l'humide, le vent, la pluie, etc., enfin toutes les injures de l'air. Il faut plier son corps à la fatigue et à toutes sortes d'exercices analogues à ses forces ; en un mot, il faut (en évitant soigneusement tous ces procédés mous et efféminés, cette délicatesse exagérée et tous ces raffinemens d'attention et de précaution, qui ne servent qu'à gâter, à débiliter la constitution de l'enfant) ne rien négliger pour lui donner de bonne heure, un corps ferme, robuste et agile, si l'on veut y loger une ame saine et vigoureuse; sous ce rapport l'éducation doit beaucoup se rapprocher de celle des paysans et des jeunes sauvages.

Le développement de l'esprit commence avec celui du corps, leur éducation doit donc marcher ensemble. On peut en jouant avec un enfant, commencer son instruction dès l'âge de deux ou trois ans : au lieu d'employer la force et l'autorité pour lui apprendre quelque chose, ce qui ne seroit propre qu'à le décourager, le rebuter et l'abrutir, on peut en le laissant errer par-tout et le mettant toutefois à l'abri des dangers, le laisser jouer avec la nature et prendre lui-même les premières leçons des objets, en lui faisant faire une multitude de petites expériences ; l'on ne doit point lui parler de choses absentes, inconnues, invisibles (de sorciers, de revenans, de spectres, de fantômes, d'anges, de démons, etc.) mais le familiariser avec tous les objets sensibles qu'on lui nomme en même tems qu'on les lui montre : il faut les lui faire toucher et reconnoître durant la nuit, afin de le préserver de cette terreur panique, à laquelle les enfans sont sujets au milieu des ténèbres, lorsqu'ils n'y ont pas été accoutumés de bonne heure. Il ne faut jamais l'obliger de croire sur parole ; s'il ne pouvoit entendre quelque vérité sensible et élémentaire (les seules à sa portée et dont on doit composer sa jeune tête), ou qu'il fut incrédule, sur certains phénomènes naturels, on feroit naître adroitement l'occasion de le convaincre par un fait.

Il faut avoir l'attention de ne jamais le traiter qu'avec douceur, et se garder d'offrir à ses yeux le hideux spectacle des passions violentes (la colère, les emportemens, la haine, la vengeance et la cruauté, etc.), dont l'exemple jetteroit dans son cœur le germe des vices les plus funestes et les plus contraires à son bonheur : qu'il n'ait jamais autour de lui que le spectacle de la douceur, de la modération, de la raison et de la justice, il s'accoutumera de bonne heure à être doux, modéré, raisonnable et juste : car les enfans sont les copistes fidèles de tout ce qui les entoure ; ils se plaisent à imiter tout ce qu'ils voient faire à la nature ou aux hommes, et qui n'est point au-dessus de leurs forces. Les exemples en tout genre ayant sur eux un pouvoir si marqué, si précoce, il faut faire en sorte de ne leur en offrir que de bons et se comporter en leur présence, avec une sorte de scrupule et d'égards religieux, qui ne leur laissant appercevoir que des modèles de vertus, leur dérobe avec soin jusqu'aux germes les plus éloignés des vices.

Maxima puero debetur reverentia.

Un

Un père, un précepteur, doivent donc commencer par avoir eux-mêmes toutes les qualités et les vertus qu'ils veulent transmettre, et être exempts de tous les vices qu'ils veulent empêcher : vainement auroient-ils du matin au soir les plus belles maximes ou sentences à la bouche, si leur conduite dément leurs discours, l'enfant en croira toujours leurs actions beaucoup plus que leurs paroles, que trop souvent il n'entend pas. S'ils ont des vices, qu'ils sachent du moins les voiler avec soin, ils doivent feindre en sa présence, jusqu'aux vertus qu'ils n'ont pas.

Non-seulement les parens et les instituteurs doivent se surveiller eux-mêmes, ils doivent veiller avec le même soin sur les domestiques et les autres personnes qui approchent leur élève, et qui par malheur n'ont d'ordinaire que trop d'aptitude et de propension à gâter leur ouvrage par une conversation déplacée, des questions absurdes, enfin par de mauvais conseils ou de mauvais exemples. Il seroit à souhaiter qu'un gouverneur ne quittât jamais son élève ; outre qu'il l'observeroit mieux, le connoîtroit mieux, il seroit sûr qu'aucune force étrangère, aucun élément nuisible ne viendroit se mêler à ceux dont il veut former son esprit et son cœur, et il seroit plus à même de continuer avec succès l'ouvrage qu'il auroit bien commencé.

Le plaisir et la douleur, l'espérance et la crainte, les châtimens et les récompenses, sont les leviers généraux avec lesquels on gouverne les hommes faits et à plus forte raison les enfans ; l'instituteur

doit donc savoir les manier avec adresse, et les employer avec discrétion : ai-je besoin de dire qu'il doit s'interdire absolument les injures, les coups et toute espèce de violence à l'égard de son élève ; de tels procédés ne s'emploient qu'avec les bêtes de somme et les esclaves, encore seroit-il à souhaiter que l'on y substituât la douceur et les bons traitemens auxquels les animaux même ne sont pas insensibles.

C'est encore un assez mauvais moyen pour engager son élève à faire une chose qui doit lui être utile, par la suite, ou à s'abstenir de quelque action vicieuse et nuisible, que de lui proposer pour récompense, des bonbons, des friandises, un bon diner, un bel habit ou des joujous insignifians, etc., et de le menacer de le punir par la privation de tout cela ; on pourroit le faire tout au plus (sans toutefois nuire à sa santé) dans les premières années de l'enfance où l'on n'est encore guère sensible qu'à ce qui flatte les sens ; mais il faut dès que la raison commence à poindre, proposer des récompenses et des châtimens plus raisonnables, autrement ce seroit disposer à mettre par la suite un trop grand prix à des choses qui n'en ont pas ou qui n'en ont que peu ; et cela peut, en lui faussant l'esprit, devenir pour lui un germe de préjugés, d'erreurs et de vices. Il est essentiel de l'habituer de bonne heure à ne faire cas que du mérite personnel qui consiste dans la force et l'agilité du corps, dans une bonne tête et un bon cœur, dans les bons procédés et les belles actions, en un mot dans les talens et la vertu. Quant à l'élégance des habits, des meubles, des appartemens, des équipages, etc., il faut lui faire sentir que tout cet attirail étranger n'est que le mérite du tailleur, du tapissier, du décorateur, de l'architecte, etc., et qu'on ne doit être estimé que par ce que l'on vaut réellement.

Au lieu d'offrir à mon élève d'insignifiantes bagatelles, j'aimerois mieux l'allécher et l'encourager par l'espoir des caresses, et des marques d'attachement, par l'attente d'un certificat de bonne conduite ou carte d'honneur que je lui distribuerois tous les jours où je serois content de lui, et que je lui refuserois toutes les fois que j'aurois sujet d'en être mécontent; car pour lui faire une ame élevée et noble, il faut sur-tout s'occuper de le rendre sensible à la bonne réputation, à la gloire, et au véritable honneur, à l'opinion des gens de mérite, et sur-tout à la vérité, à la raison et à la justice; qu'il apprenne à redouter l'indifférence et le mépris des hommes instruits et probes, des vieillards respectables, et à regarder la honte d'avoir mal fait comme la punition la plus terrible. Peut-être un jour cette grande sensibilité pour l'opinion d'autrui pourra le faire souffrir et fournir aux autres des armes contre lui; mais (outre que l'âge et l'expérience l'auront bientôt réduite à ce qu'elle doit être) si elle n'est pas sans inconvénient, elle est de beaucoup préférable à l'indifférence sur le même objet qui annonce presque toujours l'apathie et la bassesse du caractère ou le vice de l'éducation.

C'est encore une bonne chose que de proposer aux jeunes gens, pour prix de leur travail et de leur bonne conduite, des objets qui ont un rapport direct avec leurs études, leurs occupations, et peuvent les engager à cultiver un talent; tels sont un instrument de musique, une boîte à couleurs, un étui de mathématiques, une lunette d'approche, un télescope, un microscope, etc. Ces prix ont une utilité et une application immédiate, et peuvent devenir un nouveau germe d'émulation, de connoissances et de talens. — De même les jouets qu'on place entre leurs mains (et dont le choix n'est rien moins qu'indifférent) peuvent réunir l'utile et l'agréable. Ce sera, si l'on veut, des instrumens du labourage et du jardinage, une bèche, une charrue, un chariot, etc.; des outils pour la charpente et la menuiserie, pour les constructions en pierre et en bois, dont on peut leur offrir des modèles composés de pièces numérotées qui peuvent s'assembler et se désassembler à volonté. On voit que de cette manière rien n'est plus aisé que de leur donner des idées justes sur les principaux arts mécaniques, et de les rendre inventifs et mécaniciens, en leur procurant à-la-fois un exercice utile et en donnant un aliment naturel à cette curiosité et à cette activité qui sont l'apanage du premier âge.

Dans le dessein de le plier au joug d'une obéissance raisonnable, il sera bon de punir quelquefois un enfant indocile et opiniâtre par la perte momentanée de sa liberté, ne fût-ce que pour lui en faire mieux sentir le prix; par la privation d'une partie de plaisir ou de jeu, d'une promenade, d'un exercice, etc., où assisteront tous ses camarades dont on aura été content. Mais en général il faut punir le moins qu'on le peut ; et pour ne pas se voir réduit à le faire, il faut, dès que la chose est possible, s'efforcer de convaincre son élève qu'on ne s'occupe que de son bonheur, que c'est uniquement pour lui qu'on travaille, en un mot il faut faire ensorte de n'employer pour le mouvoir que ces deux leviers, *douceur* et *raison*.

Je conviens qu'il n'est pas toujours aisé de lui faire sentir l'utilité éloignée d'un travail pénible, et de la lui faire préférer à un plaisir présent ; mais si certains amusemens ont trop d'attraits pour lui, il faut les faire servir eux-mêmes de correctif ou de remède à cette passion, ce que l'on obtient par la satiété, en l'obligeant de s'y livrer uniquement plusieurs jours de suite : bientôt l'uniformité produira le dégoût, et il reviendra de lui-même à ses autres occupations qui, par la manière adroite dont on saura les disposer et les varier, pourront se servir de délassement réciproque.

L'éducation première des enfans ne doit être qu'un cours bien fait de petites expériences à leur portée : si donc il s'en trouve parmi eux qui, malgré les observations qu'on leur fait, s'opiniâtrent à vouloir ce qu'on leur défend et à se refuser à ce qu'on leur commande, il faut au lieu de les gronder, de les reprendre avec emportement, ou même (ce qui est pis encore) de les frapper, prendre froidement le parti de les laisser faire, mais avoir soin de les placer dans une position où ils trouvent presque toujours la punition de leur entêtement et la récompense de leur docilité ; alors ils appliqueront d'eux-mêmes à tous les cas le raisonnement de l'enfant qui s'est brûlé les doigts pour avoir voulu, malgré sa nourrice, les approcher trop près de la flamme ; et quand ils auront vu qu'on ne les a jamais trompés, alors ils prendront dans leurs parens ou leur gouverneur une si grande confiance, que ceux-ci pourront ensuite les diriger et les plier comme ils voudront.

Le premier travail d'un père, d'une mère, d'un instituteur, leur premier, j'ai presque dit leur unique soin, est donc de veiller incessamment sur la naissance de toutes les habitudes, de ne laisser germer que les bonnes et d'extirper toutes les mauvaises, comme on déracine les plantes nuisibles ; autrement ils se préparent pour la suite beaucoup de peine et de chagrin :

Principiis obsta ; sero medicina paratur
Cum mala per longas convaluere moras.

La première éducation est donc en grande partie négative ; elle consiste moins à faire contracter beaucoup d'habitudes qu'à s'opposer à la naissance des habitudes vicieuses : le trop d'habitudes peut même devenir nuisible ; ainsi il faut prendre garde d'en accumuler à-la-fois un trop grand nombre, dans la crainte qu'elles ne se contrarient et ne finissent par produire la confusion, la lassitude et le dégoût : il ne faut faire marcher de front que les habitudes et les connoissances qui, ayant le plus de rapport, sont propres à se fortifier et à se développer mutuellement, et ne passer à de nouvelles idées, à une nouvelle habitude, que quand les autres sont déja assez affermies par une suite d'impressions répétées. Car il en est de la tête des enfans comme de leur estomac; elle ne peut contenir et digérer à-la-fois qu'un certain nombre d'idées, et des idées d'une certaine qualité. Les élémens physiques et moraux doivent donc toujours être appropriés à l'état actuel, à la force des organes et du cerveau; il faut craindre de les surcharger, et en dégoûtant les enfans par des tâches excessives ou trop disproportionnées avec leurs facultés, de leur faire prendre le travail en aversion. D'abord l'étude ne doit être pour eux qu'un jeu; elle ne doit se composer que des choses les plus simples, les plus piquantes, et leur être toujours présentée sous la forme la plus attrayante: c'est ainsi que leur curiosité se trouve éveillée et leur émulation stimulée par les petites applications amusantes qu'on leur fait faire journellement, par des récompenses bien placées, enfin par leurs propres succès qui, en leur en garantissant de nouveaux, les animent de plus en plus à bien faire; ils ne tardent pas à s'appercevoir que les connoissances ont leur utilité, ils commencent à entrevoir, ils sentent que la même cause qui, dans leurs jeux, leurs exercices, leur a fait remporter la victoire sur leurs camarades, pourroit bien leur donner par la suite la supériorité sur les hommes faits. Alors leur ardeur pour l'étude devient souvent telle, qu'elle a plus besoin de frein que d'aiguillon, car il faut craindre que le dégoût ne vienne à la suite d'un engouement trop vif; il convient de les habituer à marcher pas à pas jusqu'à ce qu'ils soient assez forts pour franchir eux-mêmes de grands intervalles, et vaincre les obstacles les plus roides.

Mais si au lieu de suivre cette marche naturelle, on ne leur offre que des choses trop difficiles à entendre; si on les accable d'abord de grec et de latin; si on leur met entre les mains un Traité de mythologie et un Catéchisme, c'est-à-dire, des livres auxquels des hommes faits ne comprennent rien, sinon que ce sont des recueils de contes, de chimères et d'absurdités dont la croyance est abandonnée aux imbécilles, alors on emploie le moyen le plus sûr pour leur faire haïr l'application, obscurcir leur intelligence et étouffer entièrement la vivacité et la justesse de leur esprit qu'il est si facile de développer et d'accroître par la méthode exposée dans ce chapitre (1).

Il faut de bonne heure apprendre à l'enfant sa langue par principes, et on peut le faire en jouant avec lui : cela se réduit, pour ainsi dire, à mettre en sa présence des étiquettes sur chaque corps qu'en même tems on lui nomme, et toujours autant que possible en le lui faisant regarder, toucher, peser, mesurer, etc., en un mot analyser; il recevra par là, d'une manière nette et précise, les premières

---

(1) Voyez aussi les cinq derniers chapitres de la première partie de cet ouvrage.

notions des choses qui doivent composer un jour la base de son intelligence et le former à l'art de penser ou à l'étude philosophique des arts et des sciences. Chaque jour il acquerra dans ses jeux, dans ses promenades, et presque sans s'en appercevoir, la nomenclature avec les idées des choses, et insensiblement il se trouvera passablement instruit sur tout, sans s'être donné la peine ou avoir éprouvé la fatigue d'apprendre : et comme par l'avantage des situations où on aura su le placer par une multitude de petites questions jetées adroitement et en apparence sans dessein, par des POURQUOI CELA bien placés, on aura piqué sa curiosité et préparé sa tête à réfléchir, il se trouvera dans un âge encore tendre passablement instruit de sa langue, la tête meublée d'idées élémentaires et justes, enfin joignant à un corps robuste un esprit sain, et dans cette heureuse disposition de l'ame où libre encore des grandes passions, on a le pouvoir de s'instruire de tout et de tout approfondir, parce qu'on a déja la tête assez bien meublée pour le faire avec succès. C'est alors qu'on peut ouvrir pour lui le sanctuaire des sciences, et l'on peut être assuré qu'il y fera des progrès rapides.

Il faut (et je ne puis assez le répéter) proportionner à l'âge, aux forces, au degré de capacité et d'instruction actuelle la qualité des idées qu'on place dans la tête de son élève, des exercices auxquels on l'oblige de se livrer ainsi que le genre de passion qu'on veut lui inspirer. Ainsi, par exemple, il est bien évident que tout ce qui a rapport au besoin de l'amour doit lui rester inconnu jusqu'à l'âge où ce besoin est produit par le développement des organes relatifs. Il faut donc éviter de lui en parler jusqu'à cette époque ; il faut éloigner de lui les objets, les tableaux et les livres qui, en donnant l'éveil à son imagination, pourroient rendre trop précoce ce changement d'organes d'où doit résulter avec un nouveau sens une passion nouvelle, accompagnée d'un nouveau système d'idées, de penchans et de goûts (1). — Par la même raison il ne faut jamais lui parler des dieux, puisque ce mot,

---

(1) Mais que répondre, me dira-t-on, à cette foule de questions produites par la curiosité, l'ignorance et la naïveté de l'enfance, sur des objets hors de sa portée, ou qu'il seroit inutile et dangereux de lui faire connoître (celles-ci, par exemple : quelle est la différence d'un homme et d'une femme ! pourquoi n'ont-ils pas le même habit ! qu'est-ce que l'amour ! comment se font les enfans ! qu'est-ce que dieu ! etc.)

Je réponds 1°. que de pareilles questions sont souvent provoquées par les parens ou les précepteurs, et c'est ce qu'il faut éviter, car l'enfant bien élevé ne s'inquiète guère de ce qu'il n'entend pas ; tout entier au travail, au besoin, au plaisir du moment, il n'aime et ne goûte que ce qui convient à son âge, et rejette naturellement ce qu'il ne peut comprendre, comme son estomac rejette ce qu'il ne peut digérer ; 2°. qu'autant qu'il est possible, il faut répondre aux enfans sans mensonge, sans détour, avec vérité et simplicité, en leur montrant les objets à nu (*) toutes les fois que cela se peut ; et quand cela ne se peut sans quelqu'inconvénient, il me semble qu'à toute question dé-

(*) Peut-être un cours d'anatomie est-il ce qu'il y a de mieux pour faire connoître à un jeune homme la différence des sexes ; une pareille étude est certes plus propre à calmer l'imagination qu'à l'échauffer ; cette froide exposition de la vérité est même assez propre à prévenir les dangereux écarts de l'esprit romanesque, et il me semble que dans quelque genre que ce soit le mensonge et l'erreur ne sont bons à rien.

défini de mille manières, est réellement indéfinissable pour tout homme raisonnable. Un être qui n'a que des sens (et il est bien démontré que l'homme est dans ce cas-là), ne peut et ne doit évidemment s'occuper que de ce qui tombe sous les sens, ou de ce grand assemblage de corps qui l'environnent, ainsi que du système de sensations, d'idées et de facultés résultant pour nous de l'action de l'univers extérieur combinée avec celle de notre organisation. La *nature* ou l'*univers en action* voilà donc le seul, le grand et l'éternel objet des études de l'homme dans tous les âges de la vie, et c'est aussi par là que doit commencer l'éducation de l'enfant, puisque pour observer la nature, il ne faut que des sens, et que ce grand tout (immortel) est par tout le globe également accessible aux regards de l'homme.

Il est des notions fort complexes, sur-tout en morale et en politique, qu'on ne peut bien concevoir que quand on a déja longtems vécu, que l'on a été en contact avec presque toutes les classes de la société, ou que l'on a occupé certaines places; il faut donc les réserver pour un âge plus avancé (comme un élément de cette dernière instruction

---

placée on peut répondre par le silence, ou à-peu-près ainsi : *je ne puis te le dire, tu ne m'entendrois pas*; *on l'ignore*; *à ton âge on ne peut tout connoître, et pour toi tout n'est pas bon à savoir comme tout n'est pas bon à manger*; *crois-en l'ami qui ne peut te tromper et qui veut te rendre heureux*, etc., etc. On a tant d'occasions de lui répéter ce langage (qu'il conviendroit souvent de tenir aux hommes faits), qu'il ne peut manquer de s'y accoutumer de bonne heure et de s'en contenter.

qu'on se donne à soi-même), et se contenter d'offrir à son élève d'abord les idées sensibles auxquelles on fait succéder les premières notions composées, que l'on remplace par d'autres plus compliquées, à mesure que l'occasion de les développer se présente et que les progrès de son esprit le mettent à même de les saisir : en suivant ce procédé naturel, on vient à bout de lui faire concevoir aisément les notions les plus abstraites et les plus générales qui, sans cela, seroient restées pour lui inintelligibles. — Cette précaution trop négligée est plus utile qu'on ne pense ; il est extrêmement dangereux d'entasser toutes sortes d'idées dans la tête d'un élève trop jeune encore qui, n'en saisissant qu'une foible partie, ne conserve à la place de tout le reste que des mots vides de sens dont il contracte la funeste habitude de se contenter. Il arrive de là que, faute d'avoir suivi dans son instruction la gradation précitée, son esprit se fausse, se remplit d'illusions, de fantômes et de préjugés, que les progrès de sa raison se rallentissent au lieu de s'accroître sûrement et rapidement par une chaîne régulière, bien suivie, et toujours croissante d'idées nettes et de vraies connoissances dont chacune est à sa place et où chaque chaînon est étroitement lié avec celui qui le précède comme avec celui qui le suit. — Surveillons donc et empêchons de toutes nos forces les notions fausses et les fausses associations d'idées, c'est la source immense de toutes nos erreurs. (Voyez première partie, page 324, etc., page 382, etc.).

L'esprit des enfans doit, ainsi que leur corps, être formé d'abord d'élémens simples et purs, d'où il suit qu'un des premiers principes de l'éducation particulière ou publique est de ne donner à ses élèves que des idées très-nettes, en ne leur offrant rien que de vrai, de clair et de très-intelligible, en leur faisant faire rigoureusement la liaison des signes avec les choses qu'ils représentent, en ne souffrant pas qu'un seul mot entre dans leur tête sans la signification exacte, etc.

La première enfance doit donc être employée à voir, à toucher, à remuer les corps, à les nommer de vive voix et par écrit, à les dessiner, à les analyser, par le seul secours des sens, et à les ranger par ordre dans la tête afin de les y retrouver par la suite au besoin, les comparer, les combiner, former de ces premiers élémens toutes sortes de notions complexes, et s'élever par la réflexion aux plus hautes vérités de l'entendement humain. — L'étude qui convient donc le mieux à cet âge est celle des qualités sensibles, celle des arts mécaniques et des beaux arts; car l'exercice de l'œil et de la main, etc., doit précéder celui de la tête, qu'il ne contribue pas peu à entretenir, à épurer et à fortifier. Je voudrois en conséquence que l'on mît au nombre des premiers élémens d'une bonne éducation l'apprentissage d'un métier. Il est des arts mécaniques très-ingénieux (comme l'horlogerie, le charpentage, la menuiserie, la coupe des bois et des pierres, la construction des instrumens de musique, de physique et de mathématiques), qui, bien connus, laissent dans l'esprit une foule d'idées justes, et préparent ou facilitent singulièrement l'intelligence des vérités abstraites par une suite d'opérations et de vérités pratiques.

Cette pratique, que l'orgueil et l'ignorance peuvent seules dédaigner, doit toujours servir d'introduction à la théorie, puisqu'elle n'est que le premier exercice de nos sens sur la matière et que toutes nos idées viennent des sens. Je voudrois donc apprendre à mon élève à tourner, à faire une machine, une montre, un modèle de vaisseau, etc., dont en même tems je lui ferois dessiner les parties séparément et ensemble : j'aimerois à le voir exécuter en carton, en bois, en pierre, etc., tous les corps symétriques et réguliers, ainsi que les surfaces et les lignes géométriques dont on se propose par la suite de lui enseigner l'analyse. La connoissance des arts mécaniques et du dessin, en meublant la tête d'idées sensibles et justes, de comparaisons frappantes, est un passage nécessaire autant qu'un acheminement naturel à l'étude des sciences abstraites, car on généralise ses idées avec facilité quand on a déja dans l'esprit un grand nombre de cas particuliers et de termes de comparaison. L'exercice d'un art mécanique sert d'ailleurs de délassement et d'amusement ; et cette connoissance est de plus une ressource dans le malheur et le besoin, à l'abri desquels personne ne peut se flatter d'être : en pareil cas le trop de ressources ne peut nuire.

Dans le dessein de dérouler peu-à-peu aux yeux

de son élève la carte immense de la nature et de le porter à réfléchir utilement sur tout ce qu'elle contient, il faut le faire voyager et fixer ses regards sur tout ce que le globe offre de plus intéressant. Dans des excursions champêtres destinées au plaisir autant qu'à l'instruction, on s'amuse à suivre le cours des fleuves, des rivières, et des ruisseaux; on fixe son attention sur les arbres, les plantes, les fleurs et les fruits, sur les oiseaux, les poissons, les insectes, les coquillages, les grottes, les chaînes de rochers, dont on a soin de lui faire observer la position par couches, etc., enfin on le fait jouir de tous les sites pittoresques propres à développer l'imagination, et qui d'ailleurs ont un si doux attrait pour tout le monde et pour tous les âges. Chemin faisant, on visite attentivement les usines (comme moulins à bled, moulins à huile, forges, verreries, etc.), que la facilité et l'avantage du commerce, etc., a toujours porté les hommes à placer de préférence sur les fleuves et les eaux courantes; on cherche, on en explique le mécanisme, on les mesure, on les dessine. — De même, en parcourant les campagnes, on ne néglige rien de ce qui peut instruire; le sol, les productions, la culture fixent tour-à-tour l'attention; on étudie la construction d'une charrue, d'un pressoir, d'un moulin à vent; on visite les mines, on descend dans les carrières, on entre dans les forêts, on y apprend à connoître ces grands végétaux, premiers fondemens de l'architecture civile et navale, ainsi que d'une foule d'arts, de manufactures et de machines qui, en économisant les forces de l'homme, centuplent les produits de son industrie; on les suit dans leur transport, par terre et par eau, jusque dans les ports de mer; là on les montre à son élève transformés en navires et en vaisseaux; on lui explique, autant qu'on le peut, la construction de ces grandes et belles machines, résultat brillant de presque toutes les sciences et de tous les arts, des connoissances de tous les peuples, et l'un des plus beaux monumens de l'esprit humain; comme il est le principal élément de la force publique chez toute nation maritime, et le véhicule du commerce entre toutes les nations. On visite avec lui les arsenaux, les châteaux, les forteresses et places fortes; on lui fait remarquer les canons, les affûts, les différentes espèces d'armes offensives et défensives; enfin on le conduit dans les divers *muséum* de statues, de tableaux, de machines, et de productions naturelles et industrielles. Il est impossible que la vue de tant d'objets si variés, si intéressans ne stimule, ne développe et n'aggrandisse rapidement son intelligence. Cette marche a d'ailleurs l'avantage de donner, d'une manière très-nette, les premières notions de la géographie, du commerce et de l'histoire qui se lient on ne peut mieux avec l'aspect des monumens propres à rappeler le souvenir des faits et des hommes illustres dans tous les genres (1).

---

(1) Tout peut devenir un sujet de leçon pour un instituteur habile. L'habit, le chapeau, le mouchoir, la chaussure, etc., de son élève lui fournissent l'occasion de lui expliquer une foule

Enfin

Enfin la nuit, comme le jour, nous offre son spectacle; et quand les ténèbres couvrent la terre, le ciel semble appeler nos regards pour nous en dédommager; c'est le moment de lui apprendre les noms et la position de ces grands corps (étoiles, planètes, etc.) qui forment avec le globe qu'il habite les pièces fondamentales de l'univers.

Après lui avoir fait prendre aussi par les sens une idée nette de notre planète et de l'espace céleste qui l'environne; après lui avoir procuré les premières notions de la sphère, c'est le moment de s'amuser à construire avec lui un globe céleste et un globe terrestre, ce qui se réduit à recouvrir de papier deux boules d'un diamètre un peu grand, à y tracer à l'aide d'un compas courbe les degrés de longitude et de latitude, et à y placer chaque lieu (à commencer par celui où l'on est), tel que

---

de choses relatives aux arts usuels, à l'agriculture, à l'industrie, au commerce, à l'économie domestique, etc., en lui faisant voir par combien de mains la laine des troupeaux, le poil et la peau des animaux, l'écorce des végétaux (lin, chanvre, etc.), le bois, la pierre, le fer, ont dû passer avant d'être transformés en habits, en meubles, en maisons, etc.; en lui montrant cette foule de bras employés par tout le globe à le nourrir, à le vêtir, à le loger, etc., en un mot à satisfaire à tous ses besoins, il lui développe ce lien sacré qui, rendant toutes les conditions et professions nécessaires les unes aux autres, unit tous les citoyens d'un même état et tous les peuples entre eux; il lui donne les premières notions de la plus saine morale; il lui inspire le noble desir d'être utile aux hommes, et il allume dans son cœur l'amour de la patrie et de l'humanité, en même tems qu'il enrichit son esprit des plus solides connoissances.

le donne l'observation de la hauteur du pôle qu'on a soin de lui faire prendre lui-même avec un quart de cercle. On pourra aussi lui donner une idée des projections et de la construction des cartes géographiques, des planisphères, etc., en attendant que l'étude approfondie des mathématiques le mette à même d'étendre et de perfectionner ces connoissances-là.

C'est ainsi que l'enfant peut puiser non-seulement sans peine et sans efforts, mais même avec transport, avec délices, les premiers élémens de toutes les sciences dans ce grand magasin des idées sensibles qui contient tous les vrais matériaux de l'esprit humain.

Quand on a appris aux enfans à nommer, à classer, etc., cette multitude d'objets naturels qui les environnent; lorsqu'ils en ont les idées bien dessinées dans leur tête et liées avec les noms consacrés à les désigner; après qu'on leur en a fait observer suffisamment les principales propriétés sensibles, il faut ensuite employer des moyens mécaniques pour leur montrer les autres : c'est-à-dire, qu'il faut commencer par leur offrir la portion la plus élémentaire de l'histoire naturelle et de la grammaire, et passer ensuite à l'étude de la physique expérimentale qui, en montrant des vérités plus cachées par une suite d'expériences et d'instrumens préparés à dessein, dispose l'esprit à l'étude de la géométrie, de la haute mécanique et de l'astronomie, etc., dont les vérités plus abstraites ou plus relevées exigent pour être apperçues une plus grande force de tête :

cette méthode a d'ailleurs l'avantage de faciliter l'étude approfondie des principaux arts et sciences physico-mathématiques (l'architecture civile et militaire, hydraulique et navale) dont elle donne les idées fondamentales, et par là dispose à remplir avec succès plusieurs places importantes dans les travaux publics.

Une des principales branches de la physique est la chimie qui, en aggrandissant les idées par l'analyse de la matière réduite à ses principes les plus simples, ou par la formation d'une foule de substances provenant de combinaisons nouvelles dues à l'art, et en nous initiant par ses procédés aux plus secrettes opérations de la nature, donne en même tems des connoissances étendues sur la géographie, les arts et le commerce, puisque les corps sur lesquels elle opère et les produits auxquels elle donne naissance sont la matière première du commerce et des arts, dont plusieurs doivent à la chimie les moyens de se développer, ou plutôt sont eux-mêmes les branches les plus utiles de la chimie générale. Sans elle nous n'aurions pas les couleurs, premier fondement et instrument de la peinture, et nous ne jouirions pas des immortelles productions des grands peintres dont, sans un tel secours, le génie seroit en partie resté captif dans leur tête et dans leurs mains.

Une étude non moins essentielle est celle de l'anatomie et de la physique du corps humain, sans laquelle il est bien difficile de se connoître soi-même à fond et d'apprécier les productions en sculpture, peinture, etc.; et quoiqu'elle soit fort dégoûtante en ce qu'elle nous offre l'humiliant tableau de la destruction de notre machine, il me semble indispensable (dans une éducation soignée) d'en faire au moins un cours.

Nota. On sent bien que les premières études que l'on fait de chaque branche de nos connoissances ne sont, en quelque sorte, qu'un premier apprentissage des arts et des sciences, une introduction ou acheminement à des études plus sérieuses, plus étendues, plus approfondies, etc., auxquelles on se livre soi-même suivant son goût, et dans un âge où l'on jouit de toute la force de sa tête; elles ont sur-tout pour but de nous apprendre ce à quoi nous sommes le plus propres: en nous offrant les divers échantillons des productions de l'esprit humain, elles nous mettent à même de choisir celles pour qui nous avons le plus d'aptitude et de goût, ainsi que l'état qui a avec elles le plus de rapport. Il étoit nécessaire de faire d'abord cette excursion générale dans le pays de nos connoissances, pour aggrandir et épurer les vues de son esprit: mais quand une fois l'on a fixé son choix, il faut se livrer tout entier à la carrière que l'on a embrassée, afin d'en bien saisir tous les détails, et de lui donner un nouveau degré de perfection. Il est bon toutefois (pour se conserver une certaine richesse d'idées) de ne pas perdre entièrement de vue les autres parties des sciences, mais il ne faut les envisager que comme des accessoires auxquels il ne seroit pas raisonnable de sacrifier l'objet principal.

Il est essentiel de se borner dans l'instruction primitive à ce qu'il y a de plus aisé, de plus clair et de plus intelligible dans chaque partie des sciences, et de ne pas trop approfondir chaque sujet. Si on vouloit, par exemple, dresser une carte géographique de telle ou telle portion de la terre, et qui en offrît une description complette, on sent qu'avec quelque talent qu'elle fût composée, elle paroîtroit d'abord très-embrouillée, même à un œil fort exercé : alors que fait-on ? on dresse sur la même échelle et sur les mêmes degrés de longitude et de latitude plusieurs cartes dont l'une représente la position des villes et des bourgs, etc., l'autre le cours des fleuves, une troisième les montagnes, une quatrième les forêts, une cinquième les terres cultivées, une sixième les productions naturelles, minérales et agricoles, etc. ; et en examinant séparément toutes ces cartes topographiques, on a une idée exacte et détaillée d'un objet considéré sous tous ses rapports, et qu'une seule n'auroit pu présenter qu'avec beaucoup de confusion : car ce n'est que quand on a contracté l'habitude de voir à part une foule d'élémens compliqués, que l'œil et l'esprit peuvent les voir tous ensemble et dans un même tableau.

Il doit en être de même pour l'enseignement de toutes les sciences ; il faut décomposer leurs élémens en une série de tableaux plus ou moins compliqués ou faciles à saisir suivant la force de tête des élèves. Les premiers qu'on leur met sous les yeux ne doivent renfermer que les idées sensibles, les suivans les idées composées les plus simples, les autres des notions plus relevées, et ainsi de suite, jusqu'à ce qu'on puisse arriver aisément aux tableaux chargés des vérités les plus abstraites, ou des notions les plus compliquées et les plus générales.

En dressant ainsi pour chaque jour, chaque mois, chaque année, la liste des idées nettes que l'on place dans la tête de son élève à mesure que les forces croissantes de son esprit lui permettent de les recevoir, en les lui offrant dans l'ordre analytique (le seul bon) qui va du simple au composé, du connu à l'inconnu, et qui lie toutes les vérités; le développement de l'intelligence devient presqu'aussi naturel et aussi simple que celui d'un peloton de fil bien dévidé. (Voyez première partie, page 393).

Les élémens qui doivent composer l'instruction de l'homme social étant de la sorte bien déterminés, rédigés et présentés dans l'ordre convenable, il emploiera pour se les approprier le moins de tems possible, puisqu'on aura eu soin de leur donner toute la simplicité, le laconisme et la clarté possibles : il sera donc de bonne heure en état de combiner ces premiers élémens pour parvenir à de nouvelles connoissances, faire des découvertes, ou rendre d'importans services à la chose publique. Le tems de son éducation étant le plus court, celui des applications et des jouissances sera le plus long; il pourra déployer les grands talens, les grandes qualités de l'esprit et du cœur, en un mot, se montrer homme fait dans un âge où, pour l'ordinaire, l'on n'a encore que très-peu de raison, de caractère et de force de tête, parce que n'ayant point suivi dans son éducation la route qui conduit au but par le plus court chemin, l'on a perdu beaucoup de tems à apprendre une foule de choses inutiles ou même dangéreuses, à démêler ce qu'il y a de bon et de vrai parmi cet amas d'erreurs, de préjugés et de faussetés, qu'on nomme éducation et raison publiques, et qui sont substitués à ce code précieux de vérités élémentaires en tout genre, dont je voudrois que l'on composât uniquement l'esprit des jeunes gens; car je ne puis assez répéter que sa qualité, sa force, sa justesse et son étendue dépendent presqu'entièrement de ces premiers élémens; s'ils sont tous exacts, bien gradués et proportionnés à l'âge, toutes les combinaisons que nous en pourrons faire, ou tous nos raisonnemens, le seront eux-mêmes; si, au contraire, il s'en trouve parmi eux un seul qui soit faux ou mal déterminé, en se glissant dans les combinaisons, il communiquera sa fausseté à tous les résultats ou produits dans lesquels il entrera; nous raisonnerons mal, nous agirons mal, et nous serons malheureux.

C'est ainsi, ce me semble, qu'il faut développer et étendre le fil de l'instruction sur le premier âge de la vie; mais combien d'années doit-on consacrer à l'éducation primitive et proprement dite? — A cet égard on sent qu'il est bien difficile de rien statuer de général; on sent que le tems des études dépend de la bonté du maître et des dispositions de l'élève, etc. Mais je pense qu'il faut faire ensorte que le cours d'études soit fini avant l'âge de puberté, ou vers 15 à 16 ans. Cet espace de tems bien employé me paroît suffisant pour acquérir toutes sortes de connoissances élémentaires : c'est celui où l'ame est le plus calme, où l'attention est moins distraite par les passions, où les sens ont toute leur fraîcheur et leur vivacité, et où la mémoire est dans toute sa force ; mais quand arrive la crise qui termine l'enfance et commence la jeunesse, il se fait dans l'homme une révolution qui, avec de nouveaux organes, produit une faculté nouvelle, un nouvel emploi de ses forces, une nouvelle direction de son intelligence, en un mot un nouvel être. La fougue du tempérament, l'impétuosité des desirs, l'ardeur et les écarts de l'imagination s'opposent alors à la méditation, au travail régulier d'une intelligence lucide et tranquille, et l'on sent combien il importe d'avoir fait une bonne provision de connoissances avant ce moment d'orage. — Au reste, voici l'emploi que j'aimerois à faire de ces 15 à 16 ans si précieux.

J'en consacrerois la moitié, ou les 7 à 8 premières années, à l'éducation domestique, et les 8 dernières à l'éducation publique. Les 2 ou 3 premières années de la vie appartiennent au développement du corps, alors l'éducation qu'on reçoit de sa nourrice, de sa mère ou de sa gouvernante est presque toute relative au physique ; elle doit se borner à le fortifier, à exercer les sens et à empêcher les mauvaises habitudes de naître. — De 3 à 6 ans on peut apprendre à parler, à lire et à écrire. De 6 à 8 on perfectionne ce triple talent, on aggrandit son dictionnaire, et de plus on peut apprendre à dessiner et à calculer jusqu'à un certain point.

Arrivé à ce point, on a reçu ce qu'on peut appeler l'*éducation primaire*, on connoît beaucoup d'objets et leurs principales propriétés. Si l'on a été bien conduit, on a pu faire presqu'en se jouant, en se promenant, un petit cours d'histoire naturelle, de physique expérimentale et d'arts mécaniques. — De 8 à 10, il faut joindre à l'étude plus développée de ces trois grands objets, celle de la géographie et des mathématiques élémentaires, et continuer celle du dessin : quant à l'étude de la langue, on sent qu'elle marche toujours et nécessairement avec toutes les autres, et que sur cet objet l'élève ne peut manquer de se fortifier de jour en jour. — De 10 à 12, on peut faire un cours de physique, de botanique, de chimie et d'anatomie (en continuant de cultiver la géométrie pour l'appliquer, quand cela est possible, à la physique). — L'âge de 12 à 16 ans sera consacré à l'étude du latin (ou plus généralement des langues mortes ou vivantes), de l'histoire et de la fable. — Enfin, dans un âge plus avancé, on pourra, selon son goût, se livrer à l'étude en grand d'une branche quelconque de nos connoissances (à la géographie, à l'astronomie, à la médecine, à la morale, à l'économie politique, etc.); muni de tous les élémens des sciences précitées, bien appropriées au premier âge, c'est alors véritablement qu'on pourra le faire avec succès (1).

---

(1) Il en est des esprits comme des terreins, tous ne peuvent donner les mêmes productions. L'un est plus propre à la méditation et à l'étude des sciences abstraites; un autre est bon pour les affaires et les détails administratifs; un autre pour la guerre

Au reste on sent que la division que je fais ici du tems, afin de donner un exemple, est jusqu'à un certain point arbitraire ; il faut bien allonger ou diminuer les intervalles et varier les élémens de l'instruction, suivant les facultés des élèves, suivant leur destination présumée, la fortune de leurs parens, les ressources qu'offrent les localités pour les maîtres, les cours publics, etc. Mais la marche que je propose m'a paru tout-à-fait naturelle et très-propre à former un bon esprit. Au surplus je n'ignore pas qu'on a maintenant beaucoup de lumières sur l'art d'instruire ; et l'éducation sera très-bonne dès

---

et la marine ; un autre pour les arts mécaniques, l'architecture civile et navale, etc. ; d'autres enfin aiment avec passion l'éloquence, la poésie, la littérature et les beaux arts. Il est des hommes que la nature a faits orateurs, poëtes, peintres, marins ou guerriers, et ceux-là seront toujours les meilleurs. Ce n'est pas qu'avec de l'application et des efforts un homme bien organisé ne puisse aller très-loin dans presque tous les genres, car il est assez vrai de dire que l'habitude peut tout, et qu'un travail opiniâtre vient à bout de tout : *labor improbus omnia vincit.* Mais parmi les divers états qu'un homme peut embrasser, il en est un pour lequel la nature lui a donné plus de moyens ou d'aptitude, et c'est celui-là qu'il faut tâcher de découvrir de bonne heure, afin d'y adapter l'instruction convenable et spéciale. Or en étudiant bien son élève, en faisant passer sous ses yeux toutes sortes d'objets dans les arts et les sciences, en le faisant voyager, en le questionnant, etc., en un mot en remplissant avec adresse la fonction délicate d'*obstetrix animorum* (d'accoucheur des esprits) dont se glorifioit Socrate, on ne tardera pas à connoitre les habitudes qu'il faut développer en lui de préférence pour lui donner le plus possible d'esprit et de talens, et le mettre à même de tirer le meilleur parti de son existence.

que les parens et les gouvernemens voudront bien permettre ou ordonner qu'elle le soit. Seulement il seroit à souhaiter que l'opinion des premiers fût plus saine et plus fixe, et je ne sais par quelle fatalité on cherche encore à l'égarer.

Nota. On peut entremêler à toutes les études précitées le dessin, la musique, la danse et les armes. Le premier de ces arts (que l'on peut regarder comme la première et la plus simple des méthodes analytiques, voyez première partie, page 354, etc. et 385, etc.) donne à l'œil toute sa justesse et son étendue, et par suite à la tête un des principaux leviers de l'art de penser ; le second, en procurant à l'oreille toute sa délicatesse et sa précision, fait naître et entretient dans l'ame l'habitude des émotions passionnées, douces, tendres, généreuses ou sublimes, en la délassant des grandes contemplations, des fatigues de l'étude, de l'ennui des affaires et des chagrins de la vie ; et les deux autres procurent au corps tout son développement, l'aisance des mouvemens, la facilité et l'habitude des manières et des attitudes nobles et gracieuses. Tous ces exercices se marient naturellement aux opérations de l'esprit auxquelles ils servent de délassement, et ne sont pas moins nécessaires que les autres, puisque le corps croît et se développe en même tems que l'ame (1).

---

(1) C'est-à-dire *la somme ou le système de nos sensations et de nos facultés.* — C'est là la seule idée raisonnable que

Convaincu d'ailleurs que la santé est le premier instrument du bien-être et des plaisirs, l'instituteur ne doit rien négliger pour donner et conserver à son élève un tempérament robuste. Pour cela il doit l'exercer de bonne heure à la course, à la chasse, à la natation, à l'équitation, etc., tous exercices propres à développer comme à endurcir son corps, ainsi qu'à délasser, à récréer son esprit, lesquels seront tout-à-la-fois pour lui une source de bonne santé, d'amusement et de jouissances, et autant de remèdes contre l'oisiveté et l'ennui, deux des plus dangereux ennemis de l'homme.

Mais comment, dira-t-on, faire face à tant d'objets à-la-fois? — Je réponds que la méthode est toute-puissante, et que le tems est bien long quand on n'en perd pas : or, pour en tirer le meilleur parti possible, il faut le distribuer en parties qui, chaque jour, seront consacrées à des occupations fixes et déterminées : par là, on pourra faire marcher de front les exercices du corps et ceux de l'esprit en faisant servir les uns de délassement aux autres, et cultiver à-la-fois plusieurs parties des arts et des sciences.

Les qualités du cœur ne contribuant pas moins

---

l'on puisse attacher à ce mot, sur lequel on n'a débité tant de sottises que parce qu'on a voulu faire de la chose qu'il exprime une substance, un agent à part, ou un être distinct du corps sensible; et c'est ce qui arrivera toujours dès qu'on voudra réaliser les idées abstraites. Ce style poétique et métaphorique devroit être exclu de l'analyse philosophique.

que les talens du corps et de l'esprit à nous rendre heureux, à nous mériter l'estime et la bienveillance de nos semblables, on ne doit rien négliger pour les donner à son élève. Il faut lui inspirer de bonne heure tous les sentimens distingués, l'amour de la vérité et de la justice, de la bienfaisance, de la reconnoissance; l'esprit d'ordre, d'économie et de frugalité (auxquels sont attachées la conservation de sa fortune et de sa santé, ainsi que la durée de sa vie); la tendresse et le respect pour ses parens et ses maîtres à qui souvent l'on doit plus qu'à ses parens, la soumission aux lois et le dévouement à la patrie. — On peut employer ses jeux mêmes pour le former aux vertus, comme on en avoit fait éclorre le germe de ses connoissances; on peut lui mettre sous les yeux l'image en petit de la société par une réunion de camarades ou jeunes gens de son âge, à chacun desquels on donne un rôle à remplir, et qu'on charge de se juger mutuellement.

Mais en lui faisant aimer toutes les vertus et haïr tous les vices, il ne faut pas oublier de lui donner pour boussole la plus utile de toutes les qualités, la *prudence*, qui n'est que l'art d'appliquer une raison bien formée à tous les cas particuliers de la vie, l'art de ne rien outrer, pas même la vertu, et de tirer toujours de sa position présente le meilleur parti. Pour cela, il ne faut laisser échapper aucune occasion de lui faire faire des remarques utiles sur les hommes et sur les choses, sur ses fautes et ses travers, sur ses défauts et ceux des autres, et l'habituer à raisonner constamment tous ses procédés, toutes ses démarches. Après lui avoir montré d'abord les hommes et les règles de la morale tels qu'ils devroient être, il faut les lui présenter tels qu'ils sont presque par-tout, et sur-tout dans son pays, afin que dans l'application des préceptes à la pratique, il puisse conclure ce qu'il y a à rabattre de la théorie : c'est un malheur sans doute de ne pouvoir suivre invariablement les règles de la simple droiture, mais ce malheur est nécessaire pour n'être pas la dupe des fripons. Il faut lui montrer par-tout l'homme soumis constamment et presqu'uniquement à la loi de son intérêt, et se préférant à tout, afin qu'il ne soit pas tenté d'en exiger ce qu'il n'a pas droit d'en attendre ; il faut mettre sous ses yeux le tableau des vices de son siècle, de ceux qui sont particuliers à chaque état, à chaque profession, afin de le préserver de la trop grande finesse de certaines gens dans ses relations avec eux. La fréquentation du théâtre, la lecture de l'histoire, des bons romans, et sur-tout des bons poètes comiques, seront pour lui une excellente école, parce qu'ils offrent ordinairement une peinture très-fidèle des vices, des travers et des ridicules attachés à l'homme en général, ou seulement à certaines classes de la société dans chaque pays, et sur-tout dans celui où l'on vit. On y voit pour chaque condition et pour les deux sexes le langage, la tournure et les manières, les artifices et les ressources de chaque passion, le manège de la dissimulation, enfin tout l'attirail de la ruse, de la fourberie, de la fausseté, de la coquetterie, etc. Le drame et la tragédie nous offrent sur la scène les malheurs qui suivent les écarts des passions et de l'imagination, et le contraste du bonheur que donnent les passions bien réglées, ou la raison et la vertu à laquelle les pièces théâtrales doivent toujours offrir un encouragement : car le but des auteurs dramatiques doit être d'épurer et de corriger les mœurs et le goût, de renforcer les sentimens honnêtes, les passions nobles, d'encourager les procédés généreux, et de réprimer les affections basses, l'égoïsme, les sentimens vils et petits, enfin une conduite blâmable ou vicieuse. Ils ne doivent jamais oublier que leurs ouvrages en circulant dans toutes les mains, ou représentés publiquement sur tous les théâtres, deviennent un des principaux élémens de l'éducation et de la morale publiques. — C'est ainsi qu'après avoir été quelque tems spectateur, l'on devient plus en état d'être acteur soi-même, ou de bien jouer son rôle dans la société dont on fait partie.

La science du monde et des affaires est si compliquée, si variable, si assujettie aux cas particuliers, aux circonstances, au caractère des individus, qu'il est impossible de donner là-dessus des règles; c'est un problême qui se résout à mesure que l'on vit : or pour apprendre à bien jouer le grand jeu de la vie, il faut beaucoup pratiquer soi-même, voir beaucoup de sociétés, observer tout avec attention, et tenir note de ses observations; mais en général il est bon, dans son commerce avec les hommes, de se tenir sur la défensive, et de prendre pour devise *politesse* et *discrétion*, en réservant l'abandon de la franchise et les épanchemens pour sa femme, sa maîtresse ou son ami.

Pour bien se conduire en société, on est souvent réduit à feindre ; alors il faut, en pénétrant adroitement dans le caractère des autres, faire ensorte de rester toujours impénétrable : on peut tout penser, mais il faut s'habituer à ne dire et à ne faire que ce qui peut nous être utile sans nuire à personne, et taire tout ce qui pourroit choquer l'amour-propre toujours très-irascible de nos semblables ; c'est le moyen d'éviter les tracasseries, les disputes, les duels, et les poursuites d'une haine aussi souvent implacable qu'aveugle de la part de gens dont nous nous sommes maladroitement fait des ennemis. Pour être juste et même poli envers les autres, sans être bas ni flatteur, et sans cesser d'être prudent, il faut, autant qu'on le peut, se mettre à leur place, et l'on juge alors, par ce qu'on attendroit ou que l'on exigeroit d'eux en pareil cas, ce qu'on doit accorder soi-même ; mais l'on sent bien qu'en général on doit proportionner son ton, ses manières, ses égards, ses déférences, etc., au mérite, à l'âge, au sexe, au rang, etc.

La science du monde conduit à l'art de parvenir, qui souvent n'est que le bonheur de naître de gens élevés en dignité, d'avoir des parens, des amis parmi les gens en place, ou le talent de s'en faire ; car dans un ordre de choses par malheur très-éloigné du meilleur des mondes possibles, il n'arrive que trop souvent que la protection tient lieu de mérite, ou que le mérite ne peut rien sans la protection. Celui

qui

qui n'a que ce moyen de s'avancer, se livre tout entier à l'étude des caractères particuliers ou des individus, des moyens de leur plaire, de les flatter, etc. Il cherche, en se rendant utile ou nécessaire, à se les rendre favorables. Pour tirer parti des gens, il faut étudier et connoître à fond leur caractère, leurs foibles, etc., épier les occasions, les saisir, et ne jamais rien brusquer : pour cela, il faut être doué d'un esprit très-délié, très-flexible ; mais cette souplesse de l'ame qui se plie sans effort à l'humeur, au caprice et à la volonté des autres, a quelque chose de bas et de vil qui n'est pas à la portée de tout le monde, et qui sur-tout est en horreur aux hommes supérieurs ; il faut donc y avoir été préparé par ce genre de vie et cette sorte d'éducation qui fait les habiles courtisans et les intrigans parfaits, classe d'hommes d'ordinaire très-peu estimable ou fort méprisable, parce qu'elle emploie, pour arriver à son but, toutes sortes de moyens (1) ; d'ailleurs elle enlève presque toujours au talent, au mérite, les places, les privilèges et les faveurs dont elle jouit à ses dépens. Un homme doué d'un vrai mérite, d'une ame élevée, énergique, ne sauroit se décider à flatter et à ramper ainsi ; une sorte d'orgueil noble, une fierté généreuse sont mieux son fait, seulement il doit savoir

(1) Voyez le portrait qu'en font Montesquieu, Helvétius, Labruyère et Lafontaine, qui devoient s'y connoître. On sait le mot du duc d'Orléans, régent : *quiconque est sans humeur et sans honneur, est un courtisan parfait.*

prendre un milieu entre le manége avilissant de l'intrigue et cette rudesse de style, de formes et de manières qui, faisant haïr le mérite, le rend souvent inutile à soi-même et aux autres. Il ne doit employer d'adresse que le degré nécessaire pour mettre ses talens en évidence et en valeur, en prouvant qu'il mérite d'occuper un poste où il puisse les exercer utilement pour la chose publique.

Au reste l'art de vivre en société, ou le recueil des règles de conduite varie à raison des pays, des gouvernemens, de la religion, des lois, de l'opinion, etc., et dans chaque pays à raison des conditions. Il est d'autant plus compliqué, que le poste qu'on occupe est plus éminent : un sens droit, du naturel et de la bonne foi, voilà le meilleur guide de cette nombreuse classe d'hommes (les cultivateurs, les artisans, les marchands, etc.) près desquels la nature a placé un bonheur simple, facile, et peut-être pas assez envié par ceux que le sort condamne au malheur de gouverner les autres, (et qui veulent le bien faire, car on peut administrer et gouverner fort à son aise). — L'artiste, l'homme de lettres, le savant peuvent encore très-bien se passer de ce rafinement de politesse, ou de cette multitude de préceptes et d'usages plus ou moins recherchés qui composent le savoir vivre du grand monde. La passion avec laquelle ils poursuivent leur objet, les rend même assez indifférens sur ce chapitre, et le leur fait négliger malgré eux ; leur sensibilité pour la vraie gloire et les grandes choses, les rend insensibles aux petites, et leur fait mépriser un genre de réputation qui souvent n'a pour base qu'un assemblage de futilités ; ils ont le cœur trop haut pour s'amuser à faire des courbettes ; l'usage éxige par fois que leur corps se courbe devant certaines gens, mais *leur ame ne s'incline point :* ils sentent trop le prix du tems pour le dépenser en bagatelles, et laissent aux oisifs, aux ennuyés, aux désœuvrés le soin de créer cette multitude de petits devoirs qui leur aident à consumer la vie, mais que pour eux ils n'envisagent que comme la plus triste et la plus accablante servitude.

C'est sur-tout pour les riches, les grands, les ministres, les princes et les rois que les règles du savoir-vivre et de la représentation sont étendues et nécessaires, parce qu'ayant à jouer un rôle très-compliqué et souvent fort embarrassant, étant exposés à tous les regards, en butte à l'envie, etc., leurs moindres défauts se répètent, se grossissent à l'infini, et deviennent l'objet de la censure et de la malignité publiques. D'ailleurs les hommes qui gouvernent dans chaque pays, étant, pour ainsi dire, dans un état de guerre perpétuelle avec les autres gouvernemens ; la discrétion, la prudence, la ruse et l'adresse deviennent pour eux des talens de première nécessité, car les ambassadeurs des diverses puissances, qui souvent ne sont au fond que d'honnêtes espions revêtus d'un caractère très-respectable, sont toujours prêts à profiter de leurs moindres fautes, et ils n'en font jamais impunément. C'est donc pour eux qu'il faut soigner davantage tous les détails de l'éducation qui ont pour but de rendre l'homme fin, poli, et capable de faire servir les autres à ses desseins. — Sans doute il seroit à souhaiter qu'on n'exigeât dans les gens en place, ou plutôt qu'ils n'exigeassent eux-mêmes les uns des autres que des manières simples, du génie et de la probité ; *ma non cosi va il mondo*. Espérons qu'il viendra un tems, un nouvel âge d'or où, dans chaque état, l'homme le plus *comme il faut*, sera tout bonnement celui qui réunira le plus de raison, de talens et de vertus à la plus grande simplicité de mœurs.

Notre vie entière n'étant qu'un cours perpétuel d'instruction et d'éducation, on sent que l'art de vivre doit se perfectionner à mesure qu'on avance en âge, par l'expérience, l'habileté dans les affaires, etc., et la science du monde ne peut être que le résultat souvent tardif de l'expérience et de la réflexion ; le plus habile en ce genre sera donc celui qui aura le plus vécu, le plus observé, le plus administré, pratiqué, etc. ; mais on y fera des progrès d'autant plus rapides, que l'on aura eu d'abord l'esprit plus cultivé et mieux conduit : car une bonne éducation primitive est un instrument qui s'applique à tout. Tout ce que l'on peut faire en ce genre pour son élève, est de lui donner une boussole et de le couvrir d'une égide ; c'est de lui indiquer les écueils semés çà et là sur la mer dangereuse qu'il va parcourir ; mais c'est à lui à faire ensuite pour chaque cas les manœuvres les plus propres à les lui faire éviter au moyen de ce gouvernail qu'on nomme *raison*.

On peut simplifier beaucoup les règles du savoir-vivre, en ne formant que le plus petit nombre possible de relations (bien choisies) : l'homme qui vit isolé jusqu'à un certain point, n'a pas cette complication de besoins, de passions et d'affaires qui surchargent l'existence au lieu de l'embellir ; peu de préceptes lui sont nécessaires pour se bien conduire, il navigue sur une mer tranquille et sans dangers. Heureux donc, mille fois heureux l'homme qui, né dans un état mitoyen, sait se suffire à soi-même ou n'a qu'un foible besoin des autres ; qui peut joindre à une fortune médiocre, mais suffisante, un assez grand fond de mérite pour savoir se soustraire à l'ennui et couler au sein des muses et de l'amitié une vie obscure, indépendante et libre ; mais qui pourtant n'est pas sans gloire, puisque ce sont les paisibles et utiles découvertes du génie qui donnent la véritable. Un tel homme pourra se passer à merveille de connoître à fond tous les détails du machiavélisme, les ruses, les artifices et la petite guerre de l'intrigue ; il abandonnera avec joie ce vil métier à ceux qui n'en connoissent point d'autre ; il les laissera volontiers s'entredéchirer pour la possession des richesses, des dignités, des titres, des préséances, et de cette fumée de réputation aussi méprisable que la cohue qui la donne ; et il trouvera que le moyen de conserver le bonheur et la paix est de n'avoir point à disputer aux autres ces faux biens qui cachent tant d'inquiétudes, de périls et de chagrins cruels. Plus heureux encore l'homme qui pourroit vivre dans un pays uniquement gouverné par la justice et la raison ; tout s'y réduiroit à l'acquisition du vrai mérite, et les règles de l'éducation qui le donneroient deviendroient aussi simples qu'invariables; au lieu que dans presque tous les pays les préjugés, l'opinion, la méchanceté des hommes, le vice des lois et ceux des gouvernans obligent de les former d'élémens contradictoires et incompatibles, ce qui rend l'art d'élever l'homme si compliqué, si embarrassant, et souvent si absurde; car l'éducation, les lois, les institutions et le gouvernement sont des choses si étroitement liées, que l'une ne peut guère être bonne si les autres sont mauvaises, toutes doivent concourir au même but; mais où existe cet heureux ensemble ?

On voit que dans ces divers élémens d'une bonne éducation, l'étude du latin entre pour peu de chose, et cela doit être ainsi. Comme pourtant cette langue est belle, qu'elle a été celle d'un des premiers peuples du globe, qu'elle conduit à l'intelligence de l'histoire romaine, etc., prépare à l'étude de l'italien, de l'espagnol, du français, de l'anglais, etc. (car les langues modernes sont formées des débris de la langue des Romains, comme plusieurs peuples l'ont été des débris de leur vaste empire); comme elle met en état de lire un grand nombre de bons ouvrages écrits en latin, et qu'il est avantageux de pouvoir lire d'après l'original, il ne faut pas la compter pour rien; mais je pense qu'un an consacré à l'étudier, en suivant une bonne méthode, est suffisant (quand on sait déja très-bien la sienne) pour l'entendre et la traduire, au moins la prose, et peut mettre à même de revenir à cette étude et de la pousser plus loin quand on voudra. On voit donc combien étoit absurde l'ancien plan d'études de collége qui, quand il n'étoit pas corrigé par une éducation particulière que tout le monde n'étoit pas en état de se donner, n'étoit guère propre qu'à faire des sots et des pédans, puisqu'en se bornant presqu'à l'étude d'une langue morte, il n'enseignoit aux hommes rien de ce qui pouvoit les rendre sages, bons et heureux, et en leur apprenant à disputer sur tout ne fixoit leurs idées sur rien.

En général il ne faut pas oublier en étudiant les langues 1°. que le moyen de le faire promptement et bien, est de commencer par connoître à fond la sienne; 2°. qu'il vaut mieux n'avoir qu'une seule manière d'exprimer clairement beaucoup d'idées, que d'avoir plusieurs façons d'exprimer les mêmes idées au moyen de diverses langues que l'on ne peut jamais connoître qu'imparfaitement (en toutes choses songeons que la vie est courte et que la capacité de notre tête est bornée); 3°. que la connoissance de chaque art, de chaque science traités dans une même langue (en français par exemple) se réduit à bien s'approprier, à bien parler la langue qui leur est propre (Voyez première partie, page 304, etc.); 4°. que cette étude qui produit l'acquisition de nouvelles idées est préférable à l'autre, qui souvent ne produit que l'acquisition de nouveaux mots, et peut même nuire à la précision et à la pureté avec laquelle s'exprime l'homme qui ne connoît que l'usage d'une seule langue bien faite; 5°. que chaque langue peut toujours être envisagée sous deux grands points de vue fort distincts, savoir : comme *langue écrite* et comme *langue parlée*.

Dans le premier cas, sa construction matérielle dépend d'un certain nombre de lettres ou figures de convention, qu'on peut apprendre à tracer seul ; dans le second, c'est un composé de sons articulés et liés avec ces figures, et formant avec elles la double expression des mêmes idées : or pour bien parler une telle langue, il faut longtems exercer l'oreille et l'organe de la voix dans le pays même où elle est en usage. 6°. Enfin l'étude des langues doit être proportionnée au besoin qu'on en a : ainsi par exemple un diplomate, un ambassadeur, un consul ou commissaire de relations commerciales, un négociant, un voyageur de profession, doivent connoître plusieurs langues, parce qu'ils ont des relations importantes avec des peuples, des gouvernemens et des hommes en place, avec qui il leur est fort avantageux de pouvoir s'expliquer sans interprète. Il est inutile d'observer qu'un savant, un philosophe qui s'occupe de l'analyse des langues, doit en posséder plusieurs à fond, afin de les comparer et d'en conclure des vérités générales sur l'expression des idées et la marche de l'esprit humain.

Mais un particulier qui veut rester dans son pays, qui n'occupe point les premières places du gouvernement, ou qui, quoique jaloux de s'instruire dans les arts et les sciences, se borne à les étudier dans sa propre langue, n'a besoin que de connoître celle-là. — Un antiquaire doit sur-tout posséder la langue grecque et la langue latine ; elles peuvent beaucoup l'aider à trouver la filiation et la généalogie des monumens antiques, à expliquer les inscriptions, les médailles, les vases, les bas-reliefs, les mosaïques, les peintures, les statues, les temples, etc., en un mot à classer ces restes précieux des travaux successifs de l'homme civilisé, lesquels sont le seul fondement un peu solide de son histoire, et à sauver ainsi du naufrage des tems quelques débris de celle de ces deux anciens peuples les plus brillans de ceux qui existent encore dans la mémoire du genre humain, auquel ils ont légué tant de chefs-d'œuvre et de modèles dans les arts que leur génie avoit créés, ou qu'ils avoient reçus de leurs ancêtres pour les transmettre à leur postérité.

Ce n'est, comme l'on voit, que dans le monde réel que j'ai pris jusqu'ici les élémens primitifs dont j'aimerois à composer la tête de mon élève : ils ne doivent être que la portion la plus élémentaire et la plus utile des arts mécaniques, des beaux arts et des sciences. On s'étonne peut-être de ne m'entendre parler ici ni de rhétorique, ni de logique ou de l'art d'écrire en latin, en prose ainsi qu'en vers, et de disputer ou plutôt de déraisonner en forme sur les matières de théologie et de métaphysique, ce qui étoit le but principal et en quelque sorte le *nec plus ultrà* de l'éducation des colléges, confiée à des prêtres. Mais j'observerai 1°. que la philosophie des colléges, n'étant guère que la théorie des êtres imaginaires ou absurdes, est ou au-dessus de la raison, ou contre la raison, d'où il suit qu'un homme de bon sens ne peut ni ne doit s'en occuper : un bon citoyen doit tous ses momens à la chose publique, à sa famille, à ses amis, et il ne lui en reste point à perdre dans de vains débats et le dédale obscur de toutes ces orgueilleuses puérilités ; 2°. que la *vraie philosophie*, qui n'est que la science de l'homme, des arts et de la nature, se compose uniquement de tous les élémens précités, qui sont aussi ceux de la raison, dont le perfectionnement est notre premier devoir et doit faire notre plus constante occupation, puisque c'est là-dessus que repose l'art d'élever, de guérir, de gouverner les hommes, c'est-à-dire, l'ensemble des moyens de les rendre heureux (ou plus exactement aussi peu malheureux qu'il est possible) ; 3°. ce n'est pas sans un bon motif que j'ai séparé la connoissance de l'histoire de la nature de celle de la fable et de la superstition (1). Elles sont formées d'élémens incompatibles, qu'il seroit fort dangereux de mêler et de confondre, parce qu'ils se combattroient et se détruiroient mutuellement dans une tête encore trop foible pour en faire le *départ* ; au lieu que dans un esprit formé les êtres fantastiques ne sont plus que

(1) *Une dernière précaution* (dit l'illustre chancelier Bacon, OEuvres philosophiques et morales, tom. 2, pag. 163), *mais la plus essentielle, c'est de ne jamais former un mélange adultère de la nature avec la religion; cette mésalliance n'enfante que des erreurs, la révélation ne prend point la raison pour interprète ; et si l'homme est l'image de dieu, la nature n'offre point de miroir de cette ressemblance.*

des ombres, qui fuient devant la vérité comme les ténèbres devant la lumière du jour. — Comme pourtant l'histoire des êtres imaginaires fait partie de celle de l'esprit humain, dont il n'est guère moins utile de connoître les écarts et les erreurs que la marche méthodique et les productions régulières; comme d'ailleurs la fable est un vieux magasin d'où l'imagination tire encore ses principaux sujets, la base de ses comparaisons et de ses compositions en peinture, en sculpture et en poésie, qui contribuent tant à nos plaisirs et répandent une foule d'agrémens sur les voyages, sur-tout quand ils ont pour but l'archœologie ou l'étude des monumens antiques, elle ne doit pas être tout-à-fait négligée dans un bon plan d'éducation; mais il falloit avant tout avoir les moyens de la reconnoître pour ce qu'elle est, pour *la fable*.

Ce n'est qu'après avoir suffisamment étudié la langue de l'analyse de la raison et des sciences qu'on devroit passer à celle de l'imagination et de la poésie (qui au reste a bien aussi son genre d'analyse); alors on ne seroit plus exposé à réaliser et à diviniser des chimères; on ne seroit plus la dupe d'une expression figurée, d'une fiction poétique que l'on sauroit réduire à sa juste valeur, en un mot l'on parleroit une langue que l'on entendroit. Il y auroit peut-être, en suivant cette méthode, un peu moins d'orateurs, de poètes et de beaux esprits; mais il y auroit aussi beaucoup moins d'enthousiastes, d'esprits faux, etc., et beaucoup plus d'esprits solides et profonds, et de bons analistes : or ce sont là les hommes vraiment utiles pour la bonne organisation et la bonne administration des sociétés que les autres ne font qu'amuser ou embellir lorsqu'ils ne contribuent pas à les séduire, à les égarer et à les corrompre. Je regarde donc comme très-vicieux, sous ce rapport et beaucoup d'autres, l'ancien plan d'études des colléges qui, commençant l'enseignement par où on auroit dû le finir, ne remplissoit d'abord la tête des élèves que des détails de grammaire, d'histoire ancienne, des contes de la mythologie et de la théologie, etc., dont le langage, souvent aussi inexplicable pour les maîtres qu'inintelligible pour les écoliers, étoit un puissant obstacle au développement de leurs facultés, et plutôt une introduction aux préjugés, aux erreurs et à l'esprit faux, qu'à l'étude des connoissances vraiment utiles, à la vérité, à la raison et au bon esprit.

Le bon sens nous dit que dans tout pays où l'abrutissement de l'homme n'est pas réduit en système, il faut étudier les objets réels avant les êtres fantastiques et imaginaires, et voir l'homme, l'univers et la nature tels qu'ils sont, tels que les montre l'observation constante des peuples, ou plutôt des hommes de génie et des bons observateurs dans chaque pays, avant de les envisager tels qu'ils ont été créés, embellis ou défigurés par les théologiens et les poètes. Ainsi l'instruction doit commencer, ainsi que je l'ai dit, par l'étude descriptive des diverses branches de l'histoire naturelle et des arts, se continuer 1°. par celle des élémens de physique expérimentale et de chimie; 2°. par celle du dessin, de la géométrie et de toutes les sciences mathématiques ; 3°. en s'élevant toujours du plus simple au plus composé, se terminer par celle de la morale, de l'histoire, de la législation, de l'économie politique, etc., enfin par l'analyse générale des sciences et de l'esprit humain qui suppose dans une tête l'immense récapitulation de toutes nos connoissances. 4°. L'on peut, pour n'être pas étranger aux productions des beaux arts et en bien juger, ajouter à tout cela la connoissance de la fable et des antiquités, et se livrer quelque tems à l'analyse des produits de l'imagination *reconnus pour tels*, comme on l'avoit fait pour les ouvrages de la nature. En se conduisant ainsi, l'on saura toujours où l'on en est, on sera toujours en état de distinguer le monde réel du monde fabuleux, et d'éviter les erreurs, les préjugés et la confusion qui naissent nécessairement du mélange inconsidéré de l'un avec l'autre.

Conclusion de ce chapitre.

L'on voit par ce tableau abrégé des élémens d'une bonne éducation, quel être précieux et rare est un habile instituteur, qui doit réunir les lumières, les talens et les vertus. Connoissance approfondie de l'esprit et du cœur, talent de l'observation, prudence, patience, sang-froid, usage du monde et des affaires, politesse, surveillance continuelle sur lui-même comme sur son élève, etc., telles sont les qualités qu'il doit réunir pour ne pas manquer son but, ou en approcher aussi près qu'il est possible; de plus c'est un homme qui renonce, pour ainsi dire, à sa propre existence, pour ne plus s'occuper que du soin de créer celle d'un autre, et qui ne peut attendre pour prix d'un aussi grand, d'un aussi généreux dévouement, ni la fortune, ni la gloire; il peut tout au plus se promettre la reconnoissance souvent incertaine de ses élèves. Combien donc un père riche, et qui ne peut veiller lui-même à l'éducation de ses enfans, ne doit-il pas s'estimer heureux de pouvoir, à quelque prix que ce soit, rencontrer un bon gouverneur qui le remplace dans cette importante fonction? car nous avons peu d'obligation à ceux qui nous ont donné la vie, s'ils ne nous donnent en même tems ce qui peut la rendre douce et heureuse, ou du moins supportable, et rien ne peut mieux procurer cet avantage qu'une excellente éducation, de beaucoup préférable à la fortune la plus étendue, lorsqu'elle ne s'y trouve pas jointe.

J'avoue que de tels hommes sont aussi rares que ceux qui sont capables de les apprécier et qui veulent les payer. Aussi les bons gouvernemens, jaloux de créer ou de renouveller cette pépinière d'hommes à talent, d'où ils doivent tirer tous les fonctionnaires publics (soutiens des états), doivent-ils s'empresser de suppléer par un excellent plan d'instruction publique à l'impossibilité où sont les particuliers de trouver pour leurs enfans des précepteurs qui réunissent tant de connoissances diverses. Ils peuvent, à l'aide du trésor public, faire ce qui étoit impossible aux revenus particuliers; ils trouveront aisément, avec des appointemens médiocres, un bon professeur de langue, de dessin, de géométrie, de physique, de morale et d'arts mécaniques, parce que chacun d'eux borné à son objet, le possède parfaitement, et se croira suffisamment payé de la peine qu'il s'est donnée pour y exceller, s'il reçoit des appointemens qui le mettent à même de vivre dans une honnête aisance, car les amans des arts et des sciences sont ordinairement pauvres et disposés à se contenter de peu. Au reste il est ici question d'un objet de si haute importance, et qui a tant d'influence sur le bonheur ou le malheur des sociétés, qu'il me semble que ce n'est guère là le cas, pour un gouvernement sage, de se montrer parcimonieux. Il a besoin, pour faire le bien, de s'environner de toutes les lumières; il a besoin, pour le seconder, d'hommes instruits dans tous les genres : c'est donc à lui de les créer en créant un grand nombre de bons instituteurs, et pour cela il faut les bien payer et les considérer.

Enfin quand nos parens et l'état ont ainsi fait les frais de notre instruction en tout genre, il nous reste encore une grande tâche à remplir, c'est de bien continuer nous-mêmes un ouvrage bien commencé : car quoique l'on fasse pour nous, nous ne pouvons ni tout apprendre ni tout approfondir chez nos parens et dans les écoles : c'est à nous alors à mettre la dernière main à l'ouvrage, à lui donner le dernier degré de prix et de poli, en employant avec adresse ou en perfectionnant les instrumens et les leviers qu'on nous a donnés, et en suivant la bonne impulsion de nos premières habitudes. Une fois lancés dans le tourbillon social, abandonnés à nous-mêmes, nous devenons les créateurs de notre destinée. Souvent les passions nous entraînent un moment, mais une raison bien formée les a bien vîte rappelées à l'ordre. D'ailleurs il est des choses que l'on ne peut apprendre que par sa propre expérience, souvent c'est là le meilleur des maîtres; il est des hommes supérieurs qui n'en ont guère connu d'autre, et qui ne sont si éclairés dans bien des genres que parce qu'ils ont tout appris eux-mêmes, et qu'ils ont pu réunir à une excellente organisation cette opiniâtreté de l'attention et du courage, cette force de passion qui triomphe de tout : mais ces hommes-là sont rares, et à coup sûr le nombre n'en sera jamais assez grand pour rendre l'éducation inutile. J'ai seulement voulu rappeler ici que nous avions à-la-fois pour précepteurs et pour maîtres, *les objets ou les choses, les hommes, les livres* et *nous-mêmes*. Privé de quelques-uns de ces élémens de l'éducation, l'on peut encore, à l'aide des autres, aller très-loin. Mais l'homme le plus éclairé et le mieux élevé sera celui qui aura le mieux su puiser tout-à-la-fois dans ces quatre grandes sources d'instruction.

C'est ainsi je pense que l'on peut arriver au système d'éducation à-peu-près le plus parfait et le plus propre à donner à l'homme qui l'aura reçue toutes les jouissances qui composent le vrai bonheur, but général de tous les travaux humains comme de tout bon plan d'instruction, et auquel on n'arrive pas sans beaucoup de tems, de peines, de dépenses et de lumières.

Terminons

Terminons ce chapitre par une réflexion importante, c'est qu'en consacrant le premier âge de nos enfans et de nos élèves à l'acquisition de tous les moyens de jouissances pour le reste de la vie, il ne faut pas négliger de leur procurer provisoirement tous les plaisirs et le bien-être dont l'enfance est susceptible ; il faut leur faire acheter le moins cher possible les instrumens du bonheur futur, car après tout l'avenir est incertain, et le présent est sûr : on sait d'ailleurs que des divers actes qui forment le drame assez triste de la vie, le premier est le plus agréable et le plus gai, tandis que les suivans sont orageux, pénibles, douloureux et sombres, et le deviennent de plus en plus à mesure que l'on avance vers le fatal dénouement. Ainsi donc, tout en cultivant et développant l'aimable enfance, tâchons de lui laisser toute la somme de bonheur que comporte cet âge heureux, toujours l'objet de nos regrets et de nos plus tendres souvenirs.

CHAPITRE VI.

De la différence qui doit exister dans l'éducation des individus et des peuples. Continuation du chapitre précédent.

Il ne faut point oublier, en arrêtant les bases et réglant le plan d'un bon système d'éducation particulière ou publique, que les sociétés sont des machines fort compliquées et nécessairement formées d'élémens différens ; qu'en conséquence la qualité et le degré d'instruction doivent être proportionnés à la condition et au sexe de chaque individu, à la place qu'on se propose de lui faire occuper dans le tourbillon social : il faut donc pour fixer le genre et l'étendue des connoissances nécessaires à chaque classe de citoyens, former une série de tableaux ou cahiers élémentaires, où l'on aura soin de consigner, avec toute la netteté et la briéveté possibles, la somme de lumières relatives à chaque profession, à chaque état, à chaque branche de l'administration publique.

Il faut donc commencer par bien déterminer ce que chacun doit savoir et faire pour remplir dignement le poste auquel il est destiné, la nature des exercices auxquels il doit se livrer, l'espèce d'objets qu'il faut d'abord et successivement faire passer sous ses yeux, le nombre de leçons qu'il doit recevoir, l'ordre graduel et analytique (ou celui de leur plus grande liaison) dans lequel elles doivent toujours être présentées et se succéder, le catalogue des livres relatifs à chaque partie de l'instruction, et l'époque à laquelle ils doivent être lus ou analysés, car toute bonne lecture doit être une analyse bien faite. — En un mot, il faut composer sur chaque partie des sciences et des arts des traités élémentaires doués du plus haut degré de simplicité et de clarté, ne renfermant aucune idée qui ne soit parfaitement déterminée, à plus forte raison aucune fausseté, aucun préjugé, aucun mensonge, lesquels seront mis entre les mains des jeunes gens à mesure que leur intelligence croissante leur permettra de les entendre, ou que le besoin des connoissances relatives à l'état qu'ils auront embrassé l'exigera. Il faut, proportionnellement à la fortune et à l'état des élèves, fixer à un certain âge la nature et la durée des voyages nécessaires pour completter une bonne éducation, et sans lesquels il est bien difficile d'avoir sur tout des notions justes, étendues et bien dessinées dans la tête : car il n'est pas pour l'homme qui sait voir, de meilleures leçons que celles qu'il reçoit des objets eux-mêmes, il apperçoit en un instant sans peine et sans efforts, voit sous toutes ses faces et dans ses derniers détails un édifice, une mécanique, une manufacture, un établissement, etc., dont il n'eût pu, sans une grande attention longtems continuée, concevoir le développement d'après une description verbale ou écrite, même d'après une gravure, un dessin, ou une projection géométrique, plus propre encore, en montrant la forme réelle de l'objet, à présenter le rapport de ses vraies dimensions.

Quand on aura formé ainsi le catéchisme élémentaire de chaque condition, le genre d'éducation convenable à chaque individu et à chaque classe d'hommes, pour contribuer à sa manière et de tous ses moyens au plus grand avantage de la société dont il fait partie, sera déterminé. Ainsi, par exemple, l'éducation des artisans et des cultivateurs se réduira à savoir lire, écrire et calculer, à la connoissance des plus simples élémens de morale et de géométrie-pratique, en un mot à ce premier fond de connoissances qui, ayant pour base le sens commun, forment le premier élément de la raison, et deviennent le fondement des relations existantes entre tous les membres de la société qui, sans cette première instruction (qui est le besoin de tous, et que nos parens ou le gouvernement nous doivent à tous), ne pourroient ni entendre les lois, ni défendre leurs droits, leurs propriétés, leur personne, en un mot conserver ce sentiment de la dignité de l'homme, qu'ils doivent respecter dans autrui, sans y laisser porter aucune injuste atteinte en eux-mêmes.

Les agriculteurs exerçant la première et la plus honorable des professions, comme la plus utile aux hommes qu'elle nourrit, il seroit à souhaiter que cette précieuse classe d'hommes fût plus instruite, plus pensante, ou moins livrée à la routine qu'elle ne l'est : elle pourroit alors faire sur le sol, les ensemencemens, les plantations, etc., des essais, des expériences suivies, qui tourneroient ensuite à son profit et à celui de la chose publique ; car on n'est jamais mieux instruit que par ses propres observations ; et les découvertes des sociétés savantes en agriculture ne vaudront jamais celles des cultivateurs de profession, suffisamment éclairés : voilà pourquoi il seroit bien à souhaiter que les grands propriétaires de terres voulussent prendre la peine de les cultiver eux-mêmes.

Les artistes qui ne sont, pour ainsi dire, que des artisans de génie, ont, outre l'éducation élémentaire ou primaire dont je viens de parler, besoin d'une instruction plus soignée : ainsi le musicien doit être un peu géomètre, pour bien saisir la théorie générale de son art et les règles de la composition ; le peintre d'histoire doit la bien connoître, ou il s'expose à choquer souvent l'ordre de la chronologie, les règles du costume, et les mœurs antiques et caractéristiques de chaque peuple, consignées dans le recueil de leurs monumens, qu'il doit commencer par étudier à fond; il en est de même du sculpteur et du poète. Ces deux classes d'artistes, qui ont pour but principal de peindre ou de sculpter l'homme dans toutes sortes d'attitudes et de passions, doivent, s'ils ne veulent pas sortir des bornes de la vérité tout en offrant aux yeux la belle nature, connoître assez bien l'anatomie, afin de bien rendre, dans tous les cas, la position des membres, le degré de tension et le jeu des muscles; comme d'ailleurs ils se proposent d'exprimer les passions, ils doivent avoir étudié à fond le langage d'action, et être excellens physionomistes, afin de conserver dans chaque figure les traits distinctifs de chaque passion, de chaque sexe, de chaque condition et de chaque saison de la vie, ce qu'ils ne peuvent être sans avoir fait une étude particulière de l'homme physique et moral, ou beaucoup et bien observé.

En général les amans des arts doivent tous corriger, par une forte dose d'instruction, la fougue et les écarts d'une imagination qui, dans toutes ses productions, ne doit songer qu'à offrir la nature embellie sans sortir des bornes de la vraisemblance; ils ne doivent donc jamais perdre de vue ces deux vers de Boileau, qu'on ne peut trop répéter :

> Rien n'est beau que le vrai, le vrai seul est aimable,
> Il doit régner par-tout et même dans la fable.

L'ingénieur de fortifications, l'ingénieur de travaux

publics, l'ingénieur de vaisseaux et de batteries flottantes ; le marin, dont le courage, la prudence et les lumières guident à travers toutes les mers et vers tous les points du globe, ces mobiles remparts des états ; ces belles machines, chefs-d'œuvre de l'esprit humain, et présentant dans leur état actuel de grandeur, de complication et de force le produit des efforts, de l'expérience et du génie de tous les peuples civilisés du globe ; le général de terre et de mer, etc., ne sauroient joindre une connoissance trop vaste de la théorie aux plus minutieux détails de la pratique, ainsi que l'étude approfondie des localités ; c'est donc pour eux sur-tout qu'il faut créer des écoles générales où soient enseignées toutes les sciences mathématiques et physiques, et des écoles spéciales où on en fasse l'application à chacun de ces grands arts qui sont en même tems les plus utiles des sciences.

De même chaque administrateur, tout chef ou sous-chef d'un détail, doit avoir des connoissances d'autant plus étendues que son administration l'est elle-même ; il ne doit rien ignorer de ce qui peut y avoir rapport, ce seroit une honte et une sorte de crime ; on peut ne pas connoître exactement ce qui se fait dans les autres branches administratives, mais il est honteux et impardonnable de ne pas connoître à fond la sienne ; il faut donc avoir été préparé à cette connoissance par une instruction convenable, moins étendue à la vérité que la précédente, mais variée suivant le système des détails administratifs relatifs à la guerre, à la marine, aux finances, à l'économie intérieure, etc.

Le commerçant et le négociant ayant des relations fort étendues, et avec un grand nombre de personnes de toute condition, ils ont le plus grand intérêt d'être aussi instruits et aussi bien élevés qu'il est possible; car ils ont souvent occasion de traiter directement avec les gouvernemens, d'être en relation avec les ministres et les premiers hommes de l'état, enfin ils ont des rapports continuels avec ce qu'il y a de mieux dans l'Europe civilisée et commerçante. Comme d'ailleurs cette classe d'hommes est riche, il leur est assez facile de se procurer une bonne éducation, ou au moins de la donner à leurs enfans, car il arrive quelquefois qu'ils ne l'ont pas reçue eux-mêmes, parce que plusieurs d'entre eux ne doivent leur fortune qu'à un long travail ou à des spéculations et des chances heureuses.

Le magistrat qui rend la justice, ou qui fait exécuter les lois pénales, doit joindre à l'esprit le plus droit, le plus pénétrant et le plus éclairé, le cœur du plus parfait honnête homme : l'intégrité, la stricte probité que dans tous les états il est si utile et si beau d'unir aux lumières, paroît attachée au sien encore plus essentiellement qu'à tout autre. Ses regards doivent donc se tourner de bonne heure et s'arrêter longtems sur l'homme, et son instruction être particulièrement dirigée vers l'étude de la morale, de l'histoire, de la législation et de la jurisprudence. — On peut voir dans les Œuvres de d'Aguesseau l'étendue de connoissances, l'ensemble des grandes qualités qui font le parfait magistrat, et l'idée sublime que ce grand homme avoit conçue de la dignité de son état et de l'étendue de ses devoirs.

Le législateur qui fait les lois, et le ministre qui les exécute devroient, s'il étoit possible, tout connoître; ils doivent avoir sans cesse sous les yeux et placer dans leur tête la mappemonde totale des idées humaines, l'histoire de tous les peuples, enfin l'état passé et présent du globe et de l'espèce humaine. Ils doivent connoître à fond l'esprit et le cœur, les passions et le caractère de l'homme en général, et sur-tout de ceux qu'ils gouvernent, afin de tenir toujours en main tous les fils moteurs de leurs subordonnés, d'être en état de juger et de bien choisir les gens en place, et principalement les premiers hommes destinés à les seconder et les plus capables de le bien faire; car la bonté des premiers choix détermine celle des seconds : ceux-ci influent sur les suivans et ainsi de suite par gradation jusqu'aux derniers fonctionnaires publics. Si au contraire les premiers choix sont mauvais, les autres le deviennent nécessairement, car un chef ne s'associe d'ordinaire que des hommes qui lui ressemblent ou qu'il croit lui ressembler.

En général tous les hommes publics ne sauroient être trop bien élevés, trop instruits, puisque de l'ensemble de leurs lumières et de leurs bonnes qualités résulte le bonheur public; les moindres fautes des législateurs, des ministres, des rois, ont les conséquences les plus terribles et les plus funestes, puisqu'elles frappent en même tems toutes les parties de la grande famille qu'ils gouvernent : ils ne sauroient non plus être trop bien intentionnés, puisque ce n'est qu'en joignant aux moyens de voir le bien, la noble volonté de le faire, qu'ils peuvent élever et entretenir l'édifice du bonheur social. Mais comme cette volonté accompagne d'ordinaire une intelligence vaste, et que les plus éclairés des hommes sont toujours les meilleurs, sur-tout quand tous leurs besoins sont satisfaits (car l'homme de génie, le fort ne sont pas en général méchans, on ne l'est que quand on est foible, ignorant, que l'on craint, en un mot qu'on a intérêt de l'être); comme d'ailleurs il est toujours assez facile aux gouvernans de satisfaire tous leurs desirs raisonnables, et même leurs fantaisies, vu le traitement qu'on leur donne ou qu'ils se donnent eux-mêmes, et que l'on sait être assez honnête en tout pays; vu de plus le besoin que l'on a d'eux et la dépendance où est la masse des citoyens de leurs lumières, ainsi que de la force qui leur est confiée pour la confection et l'exécution des lois; il me semble qu'il ne doit plus rester à une ame éclairée et vigoureuse placée dans le poste éminent qu'ils occupent, d'autre besoin que celui de faire des choses utiles et de grandes choses, et de joindre ainsi aux plaisirs très-bornés des sens la jouissance bien supérieure que donnent le sentiment de son propre mérite, l'élévation de son ame, cette gloire si pure qui naît des efforts que l'on a faits pour le bonheur du peuple, l'estime et la reconnoissance d'une nation éclairée et l'espoir de vivre longtems dans sa mémoire : d'où je conclus qu'une tête forte et très-étendue est la première qualité de l'homme appelé à gouverner, et celui dont l'éducation doit être la plus soignée sous tous les rapports. A la rigueur, il vaudroit mieux encore être gouverné par des hommes sans probité que par des hommes sans génie, ou plutôt il n'est rien de plus vrai que les grands talens composent une partie essentielle et un élément nécessaire de la vertu ou probité des gouvernans, parce que les grands avantages qui en dérivent se répandent sur l'immense famille confiée à leurs soins, tandis que leurs vices, sur-tout quand ils sont voilés par la décence, n'ont qu'une assez foible influence sur le bonheur public : outre qu'ils peuvent rester secrets, on les leur pardonne même assez volontiers en faveur de leur génie et des grandes choses qu'ils savent faire pour l'amélioration de la fortune publique : ce qu'on ne leur pardonne pas, ce qu'on ne doit pas leur pardonner, ce sont leurs fautes, les bévues de l'ignorance et de l'entêtement, une mauvaise administration, de mauvaises lois, et le manque de moyens pour en établir de bonnes et les faire exécuter.

Les femmes destinées par la nature à répandre des fleurs sur les jours de l'homme dont elles font naître et partagent les plaisirs, à élever leurs enfans au moins jusqu'à un certain âge, à conduire les petits détails de leur maison, à adoucir le caractère de leur époux, à le délasser de ses travaux, à le consoler de ses peines, et à lui faire éprouver les charmes des passions douces et de la tendre amitié ; les femmes doivent réunir aux qualités essentielles de l'esprit et du cœur tous les talens agréables et légers qui peuvent contribuer à leur donner des graces, ainsi qu'à développer celles qu'elles tiennent de la nature. Elles doivent posséder les arts tout-à-la-fois agréables et utiles de l'aiguille et du pinceau (la couture, la broderie, le dessin, etc.), qui servent, en occupant leurs momens, à composer les parures dont elles s'embellissent pour se rendre plus intéressantes aux yeux des hommes. Leur main souple, délicate et légère doit tantôt voltiger sur la harpe ou le forte-piano, tantôt faire naître des fleurs sur la toile, et leur touchante voix porter dans nos ames les douces émotions, le sentiment et la vertu. Elles sont mieux organisées que l'homme pour exceller dans la danse, la peinture, la musique, etc., parce que ces arts exigent dans les organes moins de force que de délicatesse et de vivacité, qualités que l'on sait être l'apanage de cette intéressante portion de la société qui, dans certains pays, est tout-à-fait esclave de l'homme, dans d'autres est l'instrument destiné à le nourrir, à l'habiller, en un mot à satisfaire à tous ses besoins, ailleurs est la victime de l'injustice des lois plutôt dictées par la force que par la raison, ne jouit que chez les peuples extrêmement civilisés de tout l'avantage que lui donnent ses charmes, sa beauté jointe au pouvoir de satisfaire un des premiers besoins de l'homme, et presque nulle part n'est aussi heureuse qu'elle pourroit ou devroit l'être, puisque chargée de tout le fardeau du lien conjugal, elle est encore souvent dupe de l'artifice, de la perfidie, du caprice et de la brutalité de l'homme, auquel elle ne peut et ne doit opposer d'autres armes que sa beauté, sa bonté, sa douceur et sa patience, parce que ses emportemens et ses écarts ne serviroient presque toujours qu'à la rendre plus malheureuse.

La femme devant être la plus douce et la meilleure amie de l'homme, doit avoir assez d'esprit pour prendre part à sa conversation, et le faire jouir des charmes de la sienne; c'est un des plus sûrs et des plus forts liens par lesquels elle puisse se l'enchaîner, parce que l'expérience prouve que nous n'aimons bien que les êtres qui sentent comme nous, savent penser et parler de même, ou ont à-peu-près le même fond d'idées, de sentimens et de besoins. L'amitié (cette douce attraction des ames) ne peut exister entre un homme d'esprit et un sot, elle n'existe même pas longtems entre des hommes dont les goûts, les passions, les idées et le caractère sont trop différens; de même un homme sensible et spirituel ne peut manquer d'être rassasié bien vîte d'une femme bornée ou sans esprit, quelle que soit d'ailleurs sa beauté.

On doit pour les femmes comme pour les hommes proportionner l'instruction à l'état auquel on les destine, et à chaque classe de la société; mais en général elles doivent toutes, ainsi que les hommes, connoître leur langue, savoir lire, écrire et calculer, afin de pouvoir tenir registre de leurs dépenses, et mettre de l'ordre dans les petits détails de leur ménage. Celles qui sont destinées à partager le sort des hommes en place, doivent être d'autant plus instruites qu'elles sont plus élevées, ou que leur mari jouit d'un sort plus distingué ; elles doivent connoître les usages du grand monde, l'étiquette, les bienséances, cette foule de conventions minutieuses, en un mot toutes ces petites choses qui ne composent pas le vrai mérite, mais qui souvent font plus d'effet et qu'on n'ose fronder impunément sans s'exposer à blesser l'amour-propre de gens qui, par fois, n'ont guère d'autre mérite que celui-là, et qui trouveroient fort mauvais que les autres ne se donnassent pas la peine de l'avoir, ou eussent l'air de le dédaigner.

En général on instruit trop peu les femmes, et en cela nous oublions qu'elles sont destinées à être nos meilleures amies, et à faire, pour ainsi dire, une moitié de notre existence. On devroit leur apprendre, outre les talens d'agrément, 1°. à parler et à écrire leur langue par principes, parce que le défaut d'ortographe qui règne dans les lettres de presque toutes, détruit en partie le mérite de leur style ; 2°. la géographie et les principaux faits de l'histoire (au moins celle de leur pays) ; 3°. les élémens les plus simples de géométrie sensible, de sphère et d'astronomie, de physique et d'histoire naturelle, en général les premiers élémens des sciences réduites à ce qu'elles renferment de plus clair, de plus facile, de plus piquant et de plus agréable. La méthode d'enseignement est la même pour les deux sexes, parce que l'organisation du cerveau ne diffère point ou ne diffère que très-peu, et que la différence entre les jeunes filles et les jeunes garçons paroît être uniquement, jusqu'à un certain âge, dans les organes sexuels: seulement il faut avoir attention d'insister davantage sur les idées sensibles et intermédiaires dans les leçons qu'on donne aux femmes. Du reste, l'expérience prouve qu'elles saisissent avec au moins autant de promptitude et de vivacité que l'homme, quoiqu'elles n'approfondissent pas autant; si elles n'ont pas toute la force de l'esprit, elles en ont du moins toutes les graces. Elles peuvent d'ailleurs s'occuper plus longtems, plus continuellement de leur éducation qu'un jeune homme fougueux qui a mille moyens de dissipation qu'elles n'ont pas; elles sont plus douces, plus sédentaires, plus tranquilles, et rien n'empêche qu'elles n'acquièrent une assez grande étendue de connoissances, au moins celles dont je viens de parler : mais pour cela il seroit à souhaiter que leur mère fût en état de leur donner cette éducation, il faudroit au moins qu'elle en sentit assez le prix pour vouloir la diriger ou la surveiller.

On me dira peut-être que je veux faire des femmes savantes, des précieuses ridicules. — A cela je réponds que l'on peut être très-instruit et en même tems très-aimable. La véritable instruction (car il n'est ici question que de celle-là et nullement de la fausse science qui trop souvent usurpe son nom et sa place) est même un moyen de plus pour plaire;

c'est une nouvelle source d'amabilité très-solide, très-durable, qu'elles peuvent ajouter à celle qui naît des talens agréables et des charmes qu'elles ont reçus de la nature. Vouloir laisser les femmes dans l'ignorance, c'est les mépriser, c'est vouloir les tenir dans une sorte d'enfance et d'esclavage fort avilissant; c'est oublier qu'elles sont destinées par la nature à former la première éducation de l'homme, éducation si importante et par malheur si négligée; c'est se contredire grossièrement, et nuire à son propre bonheur, en élevant maladroitement entre les deux grandes moitiés du genre humain une ligne de démarcation, une barrière que la nature n'a point établie entre eux, et qui est, au contraire, tout-à-fait opposée à ce rapprochement qu'elle leur commande, à ce mélange intime des plus tendres sentimens et des plus doux besoins, enfin à cette communauté de jouissances auxquelles elle a attaché leur mutuel bonheur.

Cette prévention ridicule qu'il ne faut point instruire les femmes, est un reste de ce préjugé barbare d'après lequel nos gothiques ancêtres avoient décidé qu'un garçon étoit d'une nature supérieure à celle d'une fille, et devoit en conséquence être seul instruit, jouir seul de la presque totalité des fortunes dont on ne laissoit à celles-ci qu'une très-modique portion. Comment a-t-on pu oublier que l'amitié, ce doux baume de la vie, n'existe qu'entre des ames formées des mêmes élémens, et qu'un des ces principaux élémens est une éducation soignée, une instruction commune. Toute mère de famille raisonnable cherchera certainement à ennoblir l'ame et le cœur de sa fille par les lumières, et toute femme qui entendra bien ses vrais intérêts, devra chercher à joindre aux moyens passagers de séduction et d'empire que donne la beauté ceux que donnent dans tous les âges l'esprit, les talens et les connoissances; moyens très-puissans, très-durables, qui peuvent rendre aimable la laideur même, et les plus propres à resserrer entre les deux sexes les liens de l'amour et de l'amitié. Sans doute la bonté, la douceur, la modestie, la décence, les graces, etc., feront toujours, aux yeux d'un homme sensé, le principal mérite des femmes (et c'est-là une vérité qu'elles ne doivent jamais oublier pour leur bonheur et pour le nôtre); mais pourquoi ne joindroient-elles pas à ces excellentes qualités le mérite d'un esprit cultivé? La raison ne leur appartient-elle pas comme à nous; et cette raison (mère des vertus) n'est-elle pas le fruit de l'observation, de la réflexion et de l'étude; n'est-elle pas fille de la science?

Les femmes ne devroient être que le prix des talens, du génie, de la gloire et de la vertu, et chaque jour on les prostitue à des calculs financiers, à la sottise, à l'ignorance, à la frivolité: on leur apprend à compter pour tout les jouissances de la vanité, l'étalage, la parure, etc., et les grandes qualités de l'esprit et du cœur pour rien. Que la beauté soit toujours la récompense du vrai mérite, et les hommes de mérite naîtront en foule; mais pour faire cas du mérite et pour l'apprécier, il faut en avoir soi-même. Et par malheur les femmes généralement

mal

mal élevées n'en ont pas assez pour cela : qu'arrive-t-il de là ? que maîtrisés par la plus forte des passions, et jaloux d'obtenir le cœur des femmes, les hommes du plus grand génie sont obligés, pour leur plaire, de se rapetisser, et souvent de s'avilir. Au lieu de les élever jusqu'à eux, ils sont contraints de se rabaisser vers elles ; et c'est ainsi que par une suite nécessaire des mille et une contradictions qui ont presque toujours régné dans nos ridicules plans d'éducation et de législation, nous employons à nous nuire les femmes qui, dans un meilleur ordre de choses, contribueroient, par l'espoir de les obtenir pour récompense, à l'acquisition des plus grands talens, au développement du génie, des plus nobles passions et des plus sublimes qualités. La certitude de les mériter nous rendroit alors capables des choses les plus étonnantes, parce que nous serions sûrs qu'elles n'accorderoient leurs faveurs et leur main qu'à celui qui auroit donné des preuves du mérite le plus éclatant, et que la plus belle, la plus aimable et la mieux élevée, seroit toujours le partage du jeune homme le plus distingué par sa beauté, ses talens, son génie et les services rendus à l'état.

Les femmes livrées, dans presque tous les pays, à une sorte d'abandon et de néant politique, pourroient donc devenir, entre les mains d'un sage gouvernement, un des plus puissans moyens de civilisation, d'exaltation dans les passions, de force et de grandeur dans les caractères, et une des principales sources du bonheur de l'homme dont elles font si souvent le tourment et le malheur. En n'accordant leurs faveurs qu'aux talens et à la vertu, elles pourroient enfanter des grands hommes en tout genre (1) au lieu de faire des fats, des petits-maîtres et des petits intrigans ; mais pour cela il faudroit leur ennoblir le cœur, leur élever l'ame, et par une instruction convenable les mettre en état d'apprécier, de chérir le vrai mérite, et de n'accorder leur cœur et leur main qu'à l'homme qui, par des preuves éclatantes et multipliées, a prouvé qu'il en étoit digne.

Je voudrois donc qu'il fût composé pour les femmes, ainsi que pour les hommes, un cours d'étude formé, en quelque sorte, uniquement des fleurs de la science. On est étonné et comme indigné de l'indifférence que presque tous les gouvernemens ont montrée sur l'objet, plus important qu'on ne pense, de l'éducation des femmes. Il me semble pourtant que la plus belle moitié du genre humain vaut bien la peine qu'on se demande au moins quelle doit être pour elle le meilleur système d'éducation. Le législateur qui veut établir et conserver les mœurs, maintenir la paix et le bonheur dans les familles, devroit certainement s'en occuper, en fixant le genre et le degré d'instruction qu'il faut leur donner, ou ce qu'il est néces-

(1) Ce qui s'est fait pendant le règne de l'ancienne chevalerie, est un sûr garant de ce que l'on pourroit faire encore avec le même ressort employé d'une façon plus raisonnable et plus utile.

saire de leur apprendre pour en faire de bonnes mères de famille, et des épouses vertueuses, ainsi que des compagnes aimables; c'est, je crois, le seul moyen de remédier aux progrès de la galanterie et du libertinage, dont le délire ne dure qu'un tems, ne donne d'ordinaire qu'un bonheur faux et passager qu'on fait payer fort cher aux autres, ou que l'on paie soi-même fort cher, et de ramener peu-à-peu les hommes au goût des bonnes mœurs, conservatrices de la santé, du courage, des vertus et du vrai bonheur. Les deux sexes généralement mal élevés, contribuent mutuellement à se dépraver, à se corrompre; une éducation plus saine et mieux entendue peut seule les mettre en état de se perfectionner réciproquement, en donnant à toutes leurs facultés le développement le plus heureux, et de répandre sur tout le cours de leur existence tous les plaisirs et le bien-être que leur offroient la raison et la nature, mais que de mauvaises institutions viennent trop souvent leur ravir.

Outre les connoissances particulières au sexe et à la condition, etc., il en est qui doivent être communes à tous les individus d'une même société, et qu'aucun d'eux ne peut ignorer sans honte et sans danger. Un des principaux élémens de cette instruction commune, est la connoissance de la langue nationale, (ou celle parlée dans chaque pays par les gouvernans et la masse des hommes instruits); sans cela comment le législateur se fera-t-il comprendre par des hommes qui ignorent son langage, et dont lui-même ne connoît pas l'idiome. Sans l'uniformité du langage, comment pourra-t-il établir dans toutes les parties de l'état un mode uniforme de division territoriale, de législation et d'administration, enfin une communauté de poids, de mesures, d'opinions et de mœurs, etc.; car ce sont là les premiers fondemens d'un bon gouvernement. Tous les membres d'une société civilisée ont intérêt de connoître les lois, les arrêtés qui les régissent et qui fixent leurs droits et leurs devoirs réciproques; donc ils doivent tous parler la même langue (celle du législateur), sans quoi ils ne s'entendront pas; il n'est peut-être pas de plus grand obstacle aux progrès de la civilisation et des lumières, à la bonne administration, à l'harmonie des sociétés existantes que cette multitude de jargons qui, d'un même peuple, d'un même état, forment un composé bisarre de plusieurs petits peuples ou états différens, ayant chacun leur langage, leurs costumes, leurs usages, et ne tenant que foiblement à l'autorité centrale qui veut les réunir par les liens d'un même gouvernement, dont ils sont toujours prêts à se séparer (1). — Comment d'ailleurs instruire des hommes autrement qu'en leur parlant un langage connu d'eux? Il est donc évident que le premier pas qu'il

(1) Chez nous, par exemple, un Bas-Breton n'est guère plus Français qu'un Anglais ou un Allemand; c'est un peuple étranger enclavé dans la France : voilà pourquoi il a été si facile aux chefs de parti de s'en emparer, et d'alimenter la guerre civile qui, durant plusieurs années, a ravagé la malheureuse province de Bretagne et les départemens qui l'environnent.

faut faire dans l'instruction commune, est d'avoir une langue commune. Au moyen de ce premier levier, il sera facile de communiquer à tous les citoyens d'un même état les autres degrés d'instruction qu'il leur est avantageux de recevoir. Une fois qu'ils sauront lire et écrire exactement leur langue, ils auront la clef de toutes les connoissances, puisqu'une langue bien faite et bien apprise est une méthode analytique, générale et sûre; ils sauront bientôt calculer, toiser, arpenter, jauger, etc., ou cette portion d'arithmétique et de géométrie-pratique, nécessaire dans le commerce et les usages ordinaires de la vie; ils entendront avec un maître ou sans maître le petit nombre d'ouvrages élémentaires à leur usage sur les arts mécaniques, la morale et les lois fondamentales de leur pays, que tous doivent connoître, puisque tous concourent à leur formation ou à leur exécution, soit comme administrateurs, soit comme administrés. Alors, mais alors seulement, ils cesseront d'être étrangers à la marche du gouvernement, ils liront ses réglemens, ses édits, ses arrêtés, etc., parce qu'ils intéressent leur fortune, leur vie, leur liberté, enfin leur bonheur et celui de leur famille, et qu'ils sauront les entendre. — Ceux qui auront plus de tems, plus de facultés pécuniaires, plus d'énergie et de dispositions naturelles, emploieront volontiers les heures et les jours de loisir à des lectures plus étendues, plus suivies, parce que quand on entend ce qu'on lit, la lecture devient une des plus douces jouissances, des plus faciles et des moins coûteuses. La masse du peuple préférera peu-à-peu cette coutume à l'usage abrutissant des liqueurs fortes, etc. et la somme des lumières journellement croissante finira par se répandre jusque dans les dernières ramifications de la société. Tous les citoyens ne seront pas également instruits (ils ne peuvent ni ne doivent l'être, ce seroit un mal, il suffit qu'ils ne soient point méthodiquement abrutis par un amas d'erreurs et de préjugés, ou qu'ils aient du bon sens), mais tous sauront ce qu'il importe à tous de connoître ; ils seront moins la dupe de l'intrigue et du charlatanisme ; ils sauront mieux se conduire dans les affaires de la vie, mieux choisir leurs législateurs, leurs administrateurs ; ils seront plus en état de les surveiller ; ils seront donc mieux administrés et plus heureux. En un mot, la société ne sera plus composée (comme elle l'est presque par-tout) de deux classes d'hommes, les uns éclairés et faisant trop souvent servir leurs lumières à l'oppression des peuples, les autres stupides et se laissant conduire comme des automates au gré des premiers. Sans doute l'on n'arrivera pas en un jour à cet état de choses, mais on s'en approchera de plus en plus à mesure que l'instruction sera plus simplifiée et plus universellement propagée. En ce genre comme dans tous les autres, il ne faut pas viser tout d'un coup à la perfection ; c'est une limite, une espèce d'*asymptote* que l'on ne sauroit presque jamais atteindre, mais vers laquelle il est bon de tendre constamment, sans quoi on finiroit, en s'écartant toujours du mieux possible, par se laisser entraîner dans l'excès contraire du pire. Il est difficile dans la pratique d'exécuter les règles de la théorie, mais ces règles n'en sont pas moins précieuses et nécessaires; c'est une boussole qui nous dirige; c'est un phare qui, en nous montrant les écueils, sert à nous les faire éviter, et sans lequel nous resterions plongés dans la nuit la plus profonde. Dans chaque chose il est bon, pour arriver jusqu'au bien, de connoître les principes du mieux : sous ce point de vue, il est donc faux de dire que *le mieux est l'ennemi du bien*; on diroit avec plus de vérité qu'il en est le père, puisque ce n'est que les yeux fixés sur le premier que l'on arrive avec tant de peine jusqu'au second.

Il semble que les hommes soumis aux lois d'une organisation à-peu-près la même par tout le globe, devroient aussi recevoir par-tout à-peu-près la même éducation; mais une foule de causes s'y opposent; et la chose n'a pas lieu, même dans chaque pays, dans chaque province, dans chaque ville, dans chaque famille (1). La raison, mère des bonnes lois, des sages institutions, etc., est, sans doute, une faculté générale de l'espèce humaine; mais elle varie pour tous les degrés et pour tous les genres de civilisation. Ce flambeau allumé par la nature chez tous les peuples, n'a d'abord chez tous qu'une lueur foible et vacillante, et n'éclaire encore aujourd'hui qu'une assez petite portion du globe et

---

(1) Voyez le chapitre 4, page 75.

du genre humain. Réduite au pur instinct chez le sauvage, sa foible lumière commence à éclairer l'enfance des nations, ou la première réunion des hommes en société : elle s'accroît insensiblement avec le tems, par les travaux et l'expérience de tous les citoyens, à mesure que le langage se développe et se perfectionne, que les observations et les idées se multiplient, etc., jusqu'à ce qu'elle arrive au point où nous l'avons vue portée dans la Grèce et l'Italie (anciennes), et où nous l'offre l'état actuel de l'Europe, et particulièrement celui de la France et de l'Angleterre.

L'éducation varie donc chez tous les peuples proportionnellement au degré actuel de leur raison. Les habitudes instinctives, les leçons de la nature et du besoin commencent par former celle du sauvage ; il la transmet à ses enfans avec les premiers produits de son industrie qui, augmentée à chaque génération et perpétuée dans sa horde d'âge en âge, détermine les travaux, les usages et les mœurs d'une peuplade. Ils varient selon qu'elle passe de l'état de chasseur et d'ictiophage à l'état de pasteur, de l'état de pasteur à celui de cultivateur, et de ce dernier à l'état de peuple commerçant et navigateur, pour arriver enfin à celui d'une grande nation très-policée et bien gouvernée, cultivant à-la-fois toutes les sciences et tous les arts.

A mesure qu'un peuple parcourt ainsi les divers chaînons de la civilisation humaine, ses usages, ses coutumes, sa religion, ses lois et son gouvernement varient en même tems ; et l'éducation, qui se compose de tous ces élémens-là, doit nécessairement varier avec eux : de là la prodigieuse bigarrure qui règne par tout le globe dans la manière d'élever et d'instruire l'homme (pour s'en faire une idée, il faut lire les voyages de terre et de mer, et s'amuser à tracer la *carte morale et politique du globe* d'après l'état actuel de nos connoissances); de là aussi les changemens successifs nécessairement occasionnés chez un même peuple dans son systême d'éducation, par ceux qui ont lieu dans sa constitution et son gouvernement qui, par son action prolongée sur le tourbillon social, finit toujours par lui imprimer, à la longue, la forme qui lui plaît.

La grande complication des sociétés, leur état habituel et naturel de fermentation, les oscillations éternelles de l'opinion, le règne des superstitions, les fréquens changemens de gouvernement, s'opposent donc à la stabilité et à la durée d'un bon plan d'éducation. Cette éducation soumise jusqu'à un certain point à l'empire du climat, l'est plus encore au principe du gouvernement, selon que celui-ci est républicain, monarchique ou aristocratique, etc. Mais quelle que soit la distinction que l'on veuille établir entre la forme et l'esprit moteur des gouvernemens, il n'y en a réellement que de deux sortes, les uns bons, les autres mauvais. Le principe de tout bon gouvernement, c'est la *raison* (ou la justice et le génie) qui créent les bonnes lois et les font exécuter ; le principe de tout mauvais gouvernement, c'est la *déraison* (ou l'injustice, l'ignorance et les passions) qui enfantent les mauvaises lois et en dirigent l'exécution. Dans le premier cas, un bon plan d'éducation peut faire naître toutes les vertus; dans le second, une éducation presque toujours détestable est la mère de tous les vices et de tous les crimes.

La vertu est donc aussi bien le principe moteur d'une bonne monarchie que d'une bonne république; car 1°. le despotisme (dont la crainte est le ressort ou le principe) est-il un gouvernement, mérite-t-il ce nom? 2°. que signifie ce mot *honneur* qui, suivant l'auteur de l'Esprit des lois, est le principe des monarchies? Pour moi, je n'entends rien à l'honneur qui n'a point pour base la raison, la justice et la vertu, objets sacrés dont j'ai démontré l'alliance éternelle, et qui ne semblent différer qu'en ce que la première engendre la seconde, et toutes deux la troisième. — L'illustre Montesquieu, au lieu de distinguer trois principes d'action dans les gouvernemens, eût donc pu se borner à deux, ou même à un seul (en ne parlant que des bons gouvernemens) : au reste, on voit qu'il s'est plutôt occupé dans son ouvrage de ce qui est, que de ce qui devroit être.

Conclusion de ce chapitre.

On voit par ce qui précède comment, dans une société formée de bons élémens, ou composée d'hommes dont chacun a été préparé au poste qu'il occupe par une éducation convenable, le bon ordre, l'activité et l'harmonie règnent d'eux-mêmes, parce que chacun sait ce qu'il doit savoir et fait ce qu'il doit faire. Une société humaine ainsi coordonnée offre l'heureux ensemble d'une grande manufacture bien organisée ; nul n'y est oisif, tout le monde est ouvrier : au moyen d'une distribution du travail et des emplois, sage, conforme à l'industrie, aux talens et aux lumières de chacun, chaque artisan se trouve à sa place, il ne fait qu'une chose et la fait bien, et toutes les parties du travail s'avancent rapidement vers leur terme et leur perfection sous l'œil vigilant d'un bon directeur des travaux. — Ainsi l'on conçoit que par les soins d'un bon gouvernement s'élève ou peut s'élever, et se conserver au sein d'un peuple laborieux, bien distribué, bien élevé et sagement occupé, l'édifice du bonheur public auquel tous les individus sont appelés à travailler et à participer chacun selon leurs moyens.

Mais combien, par malheur, les diverses sociétés d'hommes, éparses sur le globe, sont encore loin de présenter un résultat aussi satisfaisant ? Quelle mauvaise ordonnance pour la plupart ! Que de rouages inutiles ou mal placés ! Combien d'autres qui pourroient être simplifiés ou disposés pour un meilleur engrenage ! Que d'êtres parasites, fainéans, etc., dévorent encore les récompenses dues au travail, aux talens, à la vertu ! Que de changemens, de suppressions, d'améliorations à faire ! Les fera-t-on un jour ?... On doit le desirer, et on peut du moins l'espérer. Quoi qu'il en soit, une telle réforme ne peut se tenter et s'obtenir que par la destruction des mauvaises institutions, des erreurs et des préjugés, et de cette foule d'abus existans dans les divers systèmes d'instruction, d'éducation, de législation; en un mot, par la création de nouvelles institutions et d'habitudes morales plus conformes à la vérité, à la raison, à la justice, et l'exécution d'un excellent plan d'organisation générale, basé sur elles. Ce sont-là, ce me semble, les moyens les plus propres à fonder solidement la morale d'un peuple, et à rendre sa prospérité durable.

CHAPITRE VII.

Influence de l'éducation et des lumières qui en résultent, sur la législation, le gouvernement, et toutes les branches de l'administration publique. Réfutation des apôtres de l'ignorance.

La science du législateur, dont le but principal est de réunir et de diriger les facultés d'une grande masse d'hommes, en les faisant tous concourir réciproquement au bien-être commun, suppose, comme l'on voit, l'art de former préalablement ces forces et ces facultés par une bonne éducation, et par conséquent la connoissance approfondie des lois de la sensibilité, de l'intelligence et de la volonté, ou du physique et du moral de l'homme.

Le législateur qui veut jetter avec un succès durable les fondemens de ses lois et des institutions publiques, doit donc savoir choisir, parmi toutes les habitudes possibles du corps, de l'esprit et du cœur, celles qui, en produisant un *maximum* d'avantages, doivent le conduire plus sûrement, plus directement à son but, et proscrire tout ce qui tendroit à l'en écarter. En un mot, il doit commencer par former deux grands tableaux ou tracer deux cercles, dont l'un renferme tout ce que l'homme en société peut ou doit savoir et faire, parce que cela est nécessaire ou avantageux, et l'autre tout ce qu'il doit ignorer ou éviter, parce que cela est inutile ou nuisible. Ces deux cercles, une fois bien déterminés, fixent d'une manière précise les limites du vice et de la vertu, du juste et de l'injuste, des droits et des devoirs, etc., et par suite l'étendue et les bornes de la vraie liberté civile, qui consiste à pouvoir faire tout ce qui n'est pas défendu par la raison et de justes lois : or tout cela ne sauroit avoir lieu s'il n'est profond moraliste, car il ne doit retrancher des forces de l'homme social que la portion qui pourroit lui devenir funeste, ainsi qu'à la société dont il fait partie. En un mot, les élémens dont il compose sa machine sont des hommes; donc, pour la bien construire et la bien diriger, il doit les connoître à fond, saisir tous les ressorts, tous les fils qui les font mouvoir, afin de les manier avec adresse, et de les faire servir avec habileté à ses projets.

Le législateur ayant une fois déterminé ce qu'une certaine masse d'hommes doit savoir et faire pour introduire dans leur société la plus grande somme de force, de liberté et de bonheur, ses lois fondamentales existent, il ne lui reste plus qu'à les promulguer ou à les rendre publiques par la voie de l'écriture ou de l'impression, en les rédigeant et les présentant avec une simplicité et une clarté qui les rendent intelligibles pour tous. Donc les lois envisagées comme il faut, ne sont que *l'expression publique des moyens apperçus par le génie pour rendre la plus heureuse possible une quantité donnée d'hommes réunis sur un terrein donné.*

Il n'est donc pas toujours vrai de dire que les lois sont l'expression de la volonté générale; car cette volonté, au lieu d'être uniforme, est presque toujours composée d'une foule d'élémens contradictoires : à la vérité la volonté générale exprimée ou tacite est bien le desir du *maximum* de bonheur; mais pour y parvenir, il faut apporter dans la confection et l'exécution des lois un *maximum* d'intelligence et de force, et il arrive très-souvent que les hommes qui tous desirent d'être heureux, ne savent pas voir et choisir les meilleurs moyens pour se rendre tels, ou que leurs mandataires, leurs représentans, leurs chefs ne savent pas ou ne veulent pas le faire eux-mêmes. Qui ne sait d'ailleurs que dans presque tous les pays, les lois ne sont que l'expression de la volonté de quelques hommes, et souvent d'un seul homme, du plus fort, du plus adroit ou du plus heureux, et quelquefois par malheur du plus sot ou du plus fou.

Les sociétés étant composées d'hommes, leur analyse dépend de celle de l'homme. Ainsi les qualités et facultés publiques ne sont que la somme des qualités et facultés communes à tous les particuliers :

la force publique n'est que la somme des forces individuelles unies et bien dirigées ; il en faut dire autant de la richesse ou de la pauvreté, des vertus et des vices, des opinions et des préjugés, des lumières et de l'ignorance, et, par suite, du bonheur et du malheur qui en résultent. Tous ces élémens moraux forment, en se réunissant et se combinant, autant d'espèces de faisceaux d'où résultent les habitudes publiques ou les mœurs d'un peuple, lesquelles sont bonnes ou mauvaises suivant que ces habitudes le sont elles-mêmes.

L'*opinion publique* est la somme des idées ou notions communes à tous les individus d'une même société (du moins au plus grand nombre) (1); donc si ces idées sont justes, l'opinion publique l'est elle-même ou est bonne ; et si elles sont fausses, l'opinion l'est elle-même ou est mauvaise : en général elle ne devroit jamais être que la somme des vérités morales et politiques, etc., dictées par la raison et la nature, consacrées par le législateur, et bien senties par tous les membres de la société. Si tous les membres du corps social (au moins la très-grande majorité) n'ont pas les mêmes idées sur les choses qui intéressent leur bonheur et doivent déterminer leur conduite ; si les vérités relatives à leurs droits, à leurs devoirs, etc., ne sont pas également claires pour tous, alors l'opinion publique

(1) L'opinion du genre humain est *la somme d'idées communes à tous les hommes* ; c'est le résultat nécessaire d'une organisation à-peu-près la même pour tous les peuples, et qui produit le *sens commun* des individus et des nations.

se décompose en autant d'opinions partielles qu'il y a de différences, et souvent il se forme autant de sectes, de partis, ou de factions; et si les opinions de tous les individus étoient différentes, comme cela a par fois lieu sur quelques sujets, l'opinion publique deviendroit nulle, et la société, tombant dans la confusion et l'anarchie, seroit détruite par les dissentions intestines. Car cette opinion, principal ressort et caractère distinctif des gouvernemens, est en même tems une force directrice qui agit puissamment sur la conduite de tous les individus : si elle ne crée pas toujours les lois, elle force souvent le législateur de les modifier, de les corriger; elle force les gouvernans et les magistrats de s'y soumettre eux-mêmes, de les respecter, et de les faire exécuter avec une sorte de justice et d'impartialité; elle les surveille et forme cette puissante digue qu'elle oppose à la tendance continuelle qu'ils ont vers le despotisme ou l'abus du pouvoir. — Sans cesse elle exerce sur tous les membres de la société une utile censure et une magistrature sévère; c'est elle qui, suppléant à l'insuffisance des lois, verse le blâme, le mépris, le ridicule et la honte sur les actions basses ou méchantes, ou les procédés vils et petits, et punit ainsi, d'une manière aussi sûre que douloureuse, les coupables qui s'étoient vainement flattés d'échapper aux jugemens de son tribunal redoutable, tandis qu'elle se plaît à distribuer les plus flatteuses récompenses aux belles actions, aux procédés généreux, aux qualités estimables, aux grandes découvertes, etc., en répandant

répandant sur les hommes d'un vrai mérite, les génies créateurs, les bons princes, et tous les vrais bienfaiteurs de l'humanité, l'estime, les éloges, la réputation et la gloire. — Elle est la cause principale des révolutions des états; car les grands changemens survenus dans les opinions et, par suite, dans les mœurs d'un peuple, en produisent nécessairement d'analogues dans la forme de son gouvernement; d'ailleurs elle est un des principaux élémens de la force motrice des individus, un des grands excitateurs de leurs passions, dont l'action combinée crée, conserve, modifie ou détruit tout. C'est elle qui, sous le nom de l'*honneur*, etc., a fait faire en France, et dans presque dans tous les pays, tant de belles actions et d'extravagances, enfin de si bonnes et de si mauvaises choses; et il faut convenir que lorsqu'elle est bonne, elle a la plus grande influence sur le bonheur des sociétés qu'elle entraîne à leur perte quand elle est mauvaise.

Souvent l'opinion d'un homme ou d'un peuple n'est pas une somme de vérités senties ou démontrées pour lui, mais un amas de préjugés, d'erreurs, de superstitions, d'idées fausses reçues pour vraies, etc. Alors les individus et les peuples qui se trouvent dans ce cas, livrés à la crédulité et au fanatisme, sont le jouet des prêtres, des intrigans, des factieux, et de tous les charlatans politiques : ils n'ont ni caractère, ni véritable énergie, ni liberté, ni bonheur; ils se laissent aisément subjuguer, changent souvent de maître, et sont faits pour être esclaves : la liberté est un fruit qui ne croît que sur l'arbre de la science et de la raison.

L'opinion devroit être, sans contredit, *la reine du monde*, en faisant plier également tous les hommes sous sa puissance ; mais alors l'opinion publique ne devroit être que *la raison* (j'entends la vraie, la seule bonne ; car, encore bien qu'il n'y en ait qu'une, parce qu'il n'y a qu'une vérité (1), chaque individu, chaque pays, chaque siècle se pique d'avoir la sienne): or il s'en faut bien que les choses soient ainsi. Les passions de quelques hommes, la mythologie, l'intrigue, et le canon, sont depuis longtems, et par malheur seront longtems encore, en possession d'arranger les choses sur notre petit globe *terraqué*. Les gens qui créent ou dirigent l'opinion, ne sont pas d'ordinaire des philosophes ; d'ailleurs ceux-ci n'ont guère que le pouvoir de penser, de voir et de montrer humblement ce qui devroit être, et les autres disposent de la force publique, de l'argent, des presses, des journaux, etc. Les premiers ne sont que penseurs ou *voyeurs*, et les derniers sont faiseurs et payeurs : or la masse énorme des intrigans, des fripons et des sots est à celui qui la paie, l'éblouit, la trompe et la mène à son gré, et le peuple comme la terre appartient tôt ou tard à celui qui sait s'en emparer. Il n'est donc pas étonnant que la raison, presque toujours privée de la force, ne joue ici bas qu'un assez pauvre rôle. Il faut bien, à la vérité, que par un reste de

(1) Voyez première partie, page 161, etc., les idées précises attachées à ces deux mots.

pudeur ; il en entre toujours un peu dans les institutions humaines (sans cela les choses seroient par trop détestables) ; mais souvent c'est en bien petite dose, et la plus petite qu'il est possible. — Que faire dans cet état de choses? Des vœux pour que les rênes des états soient, autant que possible, confiées à des hommes qui aient à-la-fois *le génie dans la tête* et *la vertu dans le cœur*. Quand de pareils gens gouvernent (rois, empereurs, consuls, directeurs, ministres, etc., le nom ne fait rien à la chose), tout va bien : dans le cas contraire, tout va mal. — Voir le bien et le faire, voilà le double problème de la philosophie et de la politique ; le bonheur du monde exige donc que les rois soient philosophes, ou que les philosophes soient rois (1).

Le vrai, le seul moyen de créer une bonne opinion publique, est de donner à tous les citoyens une bonne éducation; c'est de n'introduire dans leur tête aucun préjugé, aucune idée fausse, et d'y faire entrer de bonne heure la somme des connoissances élémentaires qui leur sont nécessaires pour devenir raisonnables, justes et heureux. D'ailleurs les peuples les plus éclairés seront toujours (à égalité de moyens) les plus riches et les plus forts ; car la force et la richesse sont plutôt dans l'intelligence qui en prépare, en choisit ou en dirige les instrumens ma-

(1) C'étoit l'avis de Marc-Aurèle, de Frédéric, etc. ; ç'a été et ce sera toujours celui de tous les grands et bons princes, et des seuls hommes vraiment dignes des éloges de leur siècle et de la postérité.

tériels et les appareils mécaniques, que dans ces appareils eux-mêmes. Les plus forts, les plus respectés, les plus tranquilles et les plus heureux des peuples seront donc ceux qui renfermeront dans leur sein un plus grand nombre de bons agriculteurs, de bons artisans, de bons guerriers, de bons ingénieurs, de bons négocians, de bons ministres, de bons législateurs, et en général un plus grand nombre de vrais savans et d'habiles gens (ou une plus grande masse de lumières en tout genre). Rien de plus évident, puisque c'est de la réunion de ces diverses classes d'individus que naît le corps de la société, et de l'ensemble ainsi que de la continuité de leurs travaux que résulte la construction, l'entretien, l'accroissement et l'embellissement de l'édifice social, qui n'a jamais plus de force, de grandeur, de stabilité et de durée, que lorsque de profonds génies en ont créé le plan, et que des mains savantes et habiles en ont dirigé l'exécution.

Au contraire, les plus foibles, les plus pauvres, les plus agités et les plus malheureux des peuples, seront les plus sauvages, les plus ignorans, les plus abrutis par la superstition, et toutes les habitudes vicieuses produites par la méchanceté ou le défaut de lumières de la part de ceux qui gouvernent, comme par la stupidité des gouvernés. Car le manque de lumières est, en politique ou en matière de gouvernement, la source des plus grandes calamités, et l'origine de la plupart de nos maux : c'est une vérité malheureuse dont l'histoire offre à chaque page la démonstration. A la rigueur il vaut mieux encore pour les chefs des états, manquer de probité que de talent : d'ailleurs la probité d'un simple particulier n'est pas celle de l'homme qui gouverne ; les vertus domestiques, si respectables, si précieuses pour chaque individu, pour chaque chef de famille, et qui forment chez eux ce qu'on appelle l'honnête homme, ne sont plus que des accessoires beaucoup moins importans dans le chef d'un grand état. La raison de cette différence entre la vertu ou probité d'un gouvernant et celle d'un simple particulier, est que pour bien conduire une famille composée de plusieurs millions d'hommes, pour veiller à sa conservation, à sa sûreté, à son bonheur, il faut des vues étendues et profondes, de grandes passions, en un mot du génie ; au lieu que pour bien élever sa famille, il ne faut qu'un certain esprit de conduite, ou de la bonne volonté et du bon sens. La famille de l'homme placé au timon du gouvernement n'est plus, ne doit plus être à ses yeux qu'une partie infiniment petite du grand tout qu'il est chargé d'administrer. Ses regards doivent planer également sur l'ensemble de toutes les familles, dont chacune attend de lui protection, sûreté, et ce degré de bonheur auquel toutes ont des droits. Un tel homme pourroit donc être mauvais père, mauvais époux, mauvais parent, mauvais ami, et conserver encore des droits à la reconnoissance et à l'estime publiques ; il suffit pour cela qu'il ait produit le bien du plus grand nombre, car c'est, je le répète, la masse entière de la société qui doit constamment fixer son attention, aucune de ses parties ne peut y prétendre exclusivement. On voit, cela posé, combien l'on est souvent injuste dans les jugemens que l'on porte sur les hommes d'état, quelquefois trop occupés du soin d'être de grands hommes, pour être toujours de bonnes gens.

Mon but, dans cet ouvrage, étant non-seulement de montrer la génération de nos vraies connoissances, mais d'en bien faire sentir toute l'importance, et d'inspirer par là un desir plus général de les acquérir, je vais, en parcourant rapidement les divers chaînons de la société, descendre du législateur jusqu'au manœuvre, prouver que le mouvement ne s'imprime et ne se conserve dans les machines sociales qu'à l'aide d'une série d'hommes instruits qui tous se donnent l'impulsion par le moyen des lumières; que c'est à elles que nous devons tout ce qu'il y a de bon, et à leur absence ou à l'abus qu'on en a fait quelquefois (car de quoi n'abuse-t-on pas) tout ce qu'il y a de mauvais. J'entrerai d'autant plus volontiers dans cette petite digression qu'un homme, peut-être beaucoup trop célèbre, s'est montré le détracteur des sciences, pour le plaisir de faire briller cette éloquence, principal et presque le seul avantage auquel il a dû sa célébrité.

Un bon législateur, en sa qualité de *premier constructeur des machines sociales*, ne doit rien ignorer de ce qui est relatif à l'esprit et au cœur de l'homme; il doit avoir continuellement devant les yeux le tableau analytique de ses facultés morales, puisque c'est le fondement sur lequel il doit asseoir ses lois. Il doit avoir en outre une idée nette et détaillée du globe terrestre, connoître à fond les productions, les lois, les mœurs, etc, , en un mot, l'histoire des diverses sociétés humaines qui l'ont habité ou qui l'habitent, puisque la sienne doit avoir des relations avec toutes les autres, auxquelles elle se trouve liée par les nœuds plus ou moins rapprochés du commerce, et que d'ailleurs la connoissance de la constitution des autres peuples ne peut manquer d'influer sur la sagesse de ses propres lois. Il doit connoître, au moins sommairement, l'état actuel des sciences, des arts, de l'industrie et du commerce par tout le globe, et sur-tout dans son pays et dans les contrées qui l'avoisinent. Au talent d'un profond moraliste, il doit donc joindre celui d'un excellent géographe; il doit même être, jusqu'à un certain point, physicien, géomètre, astronome et marin, etc., car toutes les parties de nos connoissances se prêtent un nouvel appui, se renvoient une mutuelle lumière, et ce n'est que de l'ensemble de tous ces flambeaux partiels que peut résulter un globe vraiment lumineux. S'il n'a pas le détail de toutes ces sciences, ce qui n'est guère possible, il doit du moins en avoir l'esprit ou les principes, et la théorie fondamentale, afin d'être en état de bien juger les hommes qu'il est obligé de s'adjoindre, et de pouvoir réunir autour de lui tous ceux qui, dans chaque partie, peuvent lui fournir des lumières, et par là tirer tout le parti possible des hommes et des choses. Il doit avoir constamment sous ses yeux et dans sa tête un tableau très-exact, contenant la forme, l'étendue de son pays; les parties en terres labourables, en friche, en eau, en bois, en prairies, etc.; les mers, les fleuves et les rivières, les canaux; le nombre des peuplades, des bourgades et des villes; leur position respective, le nombre d'habitans; leurs dispositions naturelles ou leur caractère primitif; en un mot, cet ensemble de lumières et de ressources qui doivent composer le premier levier du gouvernement : et c'est en combinant ces premiers élémens avec sagesse, avec profondeur, qu'il pourra tirer le meilleur parti possible de ces premières données de la nature, et construire un ouvrage solide et durable.

Les connoissances d'un ministre quoique fort étendues, ne le sont pas autant que celles du législateur; la science du premier n'est qu'une fraction du tout qui doit exister dans la tête du second, créateur et ordonnateur suprême de la société. Le ministre de la marine, par exemple, peut se borner à connoître exactement et à fond tout l'ensemble des détails maritimes, tout ce qui concerne les ports, les arsenaux, les approvisionnemens, les constructions, les radoubs, l'armement et l'équipement des vaisseaux, la manœuvre ou l'art de faire évoluer un seul vaisseau, et la tactique ou l'art de faire mouvoir ensemble un certain nombre de vaisseaux (division, flotte, escadre ou armée navale). Il doit avoir sans cesse sous les yeux l'état exact des besoins et des ressources, celui des matériaux et des fonds nécessaires pour construire, réparer, armer un nombre déterminé de vaisseaux, et entretenir sur un pied respectable une excellente armée navale; il doit pouvoir, de son cabinet, en suivre les mouvemens sur tous les points du globe; il lui faut donc connoître la situation exacte et respective des ports de toutes les nations, le gisement des côtes, la facilité ou la difficulté du mouillage, les vents régnans, les courans, les bas-fonds, etc. (ce qui peut s'obtenir par une carte générale et bien détaillée des sondes), en un mot l'état de la mer pour chaque parage et pour chaque saison de l'année. Il a besoin d'avoir régulièrement, et dans le plus grand détail, toutes ces données dans la tête; durant la guerre, il lui faut un état semblable contenant en détail les forces navales et les ressources de l'ennemi: des vues vastes, jointes à beaucoup d'expérience, et une grande force de tête pour combiner ces divers élémens, le mettent en état de former de bons plans d'attaque ou de défense, et de les exécuter avec succès. Il est alors dans la même position qu'un habile joueur d'échecs qui, en voyant d'un coup-d'œil son jeu et celui de son adversaire, en conclut sûrement la manière dont il faut jouer pour gagner la partie.

Si le ministre de la marine doit embrasser d'un coup-d'œil tout l'ensemble de la chose maritime, comme le législateur embrassoit le système entier des connoissances humaines, l'ordonnateur d'un port doit avoir incessamment sous les yeux et dans la tête le tableau de situation du port qu'il dirige, l'état des approvisionnemens, des ouvrages faits ou à faire, des hommes à y employer, des sommes qu'il en coûtera pour chaque partie du travail, des lieux d'où il peut tirer les divers matériaux nécessaires, des hommes chargés de les lui fournir, des marchés passés avec eux, etc., en un mot, tout ce qui est relatif au détail des constructions en tout genre : (cette place, pour le dire en passant, ne devroit appartenir qu'aux hommes les plus distingués par leurs connoissances dans la construction et la navigation, et qui ont passé par tous les détails de ces deux grandes branches de la science maritime). — L'ordonnateur a sous ses ordres les directeurs des constructions, de l'artillerie et des mouvemens du port, ou des ingénieurs et des commissaires chargés de surveiller les diverses parties du travail, et qui lui transmettent exactement et régulièrement, de vive voix et par écrit, des renseignemens et des états partiels de situation dont il forme l'état général qu'il transmet au ministre. Les ingénieurs et les commissaires ont sous leurs ordres, les premiers, des sous-ingénieurs, des élèves, des maîtres-charpentiers, des contre-maîtres ou chefs d'ateliers, enfin des ouvriers qu'ils placent et déplacent, ou qu'ils font mouvoir suivant le besoin; les autres, des sous-commissaires, des commis, des copistes, etc., pour les seconder dans le travail de la tenue des registres relatifs à la comptabilité des fonds et des matières.

L'on voit par cet exemple, tiré de l'administration maritime, que les divers individus qui la composent forment une chaîne non interrompue, qui commence au ministre et finit au dernier manœuvre, et dont chaque chaînon exige, de la part de l'homme qui en occupe la place, un certain tableau d'idées et de connoissances plus ou moins étendu, et sans lequel le mouvement ne sauroit se communiquer et s'entretenir comme il faut, de même que dans une horloge le mouvement s'arrête nécessairement si les rouages ne sont pas convenablement travaillés et adaptés l'un à l'autre, ou s'il arrive que quelqu'un d'entre eux vienne à manquer ou à se déranger.

De même, si l'on analyse les fonctions et les connoissances du ministre de la guerre, on verra que les données qui lui sont nécessaires se trouvent renfermées dans un état bien fait du nombre des places fortes de la république, des hommes armés tant en infanterie que cavalerie, des canons, des vivres, des fourrages, des habits, des équipemens et des munitions de toute espèce, des sommes nécessaires pour les payer, des lieux d'où l'on peut les tirer, de la quantité de troupes en activité hors du territoire ou dans l'intérieur, de la situation respective de chacune d'elles, etc.; et dans un état semblable, de la position et des ressources de l'ennemi; et que c'est ensuite à l'étendue de ses vues, à la justesse et à la force de sa tête à combiner toutes ces données-là, de la manière la plus avantageuse, pour en former un bon plan de campagne et l'exécuter avec succès. Pour cela il a sous ses ordres des généraux en chef, qui en ont eux-mêmes de divisionnaires, lesquels commandent à des officiers dont chacun fait mouvoir un certain nombre de sergens, caporaux, etc., dirigeant eux-mêmes chacun un certain nombre de soldats ; et c'est ainsi que d'échelon en échelon le mouvement passe et se communique depuis le ministre de la guerre jusqu'au soldat, comme le ministre de la marine le communiquoit à l'ouvrier et au matelot par le moyen de l'ordonnateur et des chefs divisionnaires employés sous ses ordres.

En examinant de même les fonctions du ministre des finances, de celui de l'intérieur, de la justice, des relations extérieures et de la police, on verra que les lumières qui servent à les diriger à chaque instant dans leurs importantes opérations, leur sont communiquées par un état exact contenant l'ensemble des détails qui les concernent et des données qui, combinées dans leur tête d'une manière juste et profonde, leur fournissent le moyen d'entretenir l'ordre et l'activité dans chacun des grands détails administratifs confiés à leurs soins ; et ainsi de suite pour toutes les branches et subdivisions de l'administration générale d'un état. — Le mouvement se communique donc du souverain ou du conseil d'état à chacun des ministres, des ministres aux généraux ou commandans en chef, de là aux commandans secondaires, passe de ceux-ci dans les diverses chaînes ou ramifications de leurs subordonnés, pour arriver enfin jusqu'au dernier des manœuvres ; et c'est ainsi qu'à la différence des noms près, sont organisées toutes les machines sociales et tous les gouvernemens, soit que le pouvoir législatif et le pouvoir exécutif soient séparés, soit qu'ils résident dans les mêmes mains.

Or l'on voit que si chacun des chefs et sous-chefs

n'a pas dans sa tête la somme d'idées théoriques et pratiques formant la totalité des connoissances relatives à son état, avec la ferme volonté de remplir ses devoirs, le mouvement ne se transmettra point avec la régularité, l'ensemble et la promptitude convenables : la chaîne se trouvera interrompue en autant d'endroits qu'il y aura de mauvais chaînons ou d'hommes ineptes, fripons, méchans, vindicatifs, brouillons, etc., et les projets les mieux conçus avorteront par leur faute. Car, je le répète, il en est du gouvernement comme d'une mécanique ; lorsqu'un rouage important vient à manquer ou à se détraquer, le mouvement s'arrête ; il est lent si les rouages s'engrènent mal ou ne sont pas adaptés l'un à l'autre ; il l'est encore lorsque le premier ressort ou le premier mobile est mal réglé, foible, mou, ou quand les premiers hommes chargés de la confection et de l'exécution des lois manquent de force, de sagesse et d'énergie.

Ainsi donc par-tout où il y aura de bons administrateurs ou des gens éclairés et probes, il y aura d'heureux administrés ; et par-tout où il y en aura de mauvais, ignares ou cupides, etc., les administrés seront malheureux par l'ignorance et la cupidité ; les peuples libres qui se choisissent leurs législateurs, leurs chefs, etc., ne sauroient donc apporter assez d'attention dans leurs choix, et leur indifférence sur un point aussi important annonceroit que le peuple qui s'y livre est un peuple avili, indigne de la liberté et du bonheur.

Le besoin des lumières qui se fait si bien sentir

dans l'art très-difficile et très-compliqué de gouverner les hommes, n'a pas moins lieu dans ces grands arts relatifs aux travaux publics (l'architecture civile et navale, les fortifications, etc., enfin dans toutes les branches des arts mécaniques. Un bon architecte, un bon constructeur, un bon mécanicien, sont des hommes précieux par la netteté et l'étendue des idées, comme par l'ensemble d'opérations et de procédés qu'ils ont dû se rendre familiers avant de pouvoir exercer leur art. Il faut dans les manufactures les plus simples (même dans celle qui a pour but de faire une épingle), une réunion de bras, de talens, et de moyens qui ne s'acquièrent que par la répétition d'un certain nombre d'idées et de procédés élémentaires : en un mot, le plus petit métier exige, pour être bien exercé, un certain tems d'étude ou d'apprentissage, ou suppose l'acquisition d'un système d'idées plus ou moins étendu et rendues familières par la pratique.

Il résulte de tous les détails dans lesquels je viens d'entrer, 1°. que sans une instruction convenable, l'on n'est propre à remplir aucune place dans la société ; 2°. que cette société elle-même n'a été créée, n'existe ou ne se conserve que par les lumières, mères des sciences, des arts et des lois ; 3°. que toutes nos fautes, celles des particuliers, des hommes en place, des ministres, des législateurs, et les malheurs qui en résultent, proviennent presque toujours de l'ignorance ou d'un défaut de connoissances assez étendu, comme les dangers que l'on court à la mer sont le résultat ordinaire de l'incapacité ou de l'inexpérience du capitaine et du pilote ; 4°. que l'homme ignorant, l'être stupide qui ne pense point, n'a que les grossiers plaisirs du corps qui durent peu et lui sont communs avec tous les animaux. Tandis qu'il est privé de la plus belle, de la plus continuelle des jouissances, celle de la pensée, que l'homme instruit sait faire revivre quand il veut, et qui l'accompagne par-tout avec le sentiment délicieux de sa supériorité ; enfin que sans lumières on a peu de moyens de se soustraire à l'ennui, peu de bonheur, et que, toutes choses égales d'ailleurs, l'être le plus heureux est l'homme le plus occupé de la culture des arts et des sciences, ou le plus éclairé et le plus raisonnable. D'où je conclus qu'il n'y a que des gens dignes d'être mis aux Petites-Maisons qui aient pu ou qui puissent se rendre les apologistes de l'ignorance et les détracteurs des sciences ; il est inconcevable qu'une académie célèbre ait couronné un ouvrage qui avoit pour but de les déprimer, et très-étonnant que l'on ait porté l'engouement jusqu'à élever des statues à son auteur, raisonneur souvent aussi foible et inconséquent, qu'il est en général peintre éloquent et séduisant écrivain. Mais n'oublions pas que le paradoxe embelli par l'éloquence n'est qu'un poison plus dangereux offert dans un vase brillant, et dont les bords sont enduits d'une douce liqueur (1),

---

(1) En général tous ces livres, semés alternativement de vérités et d'erreurs, sont des ouvrages fort dangereux, en ce que celles-ci passent à la faveur de celles-là, et se trouvent en quelque sorte consacrées par la célébrité de l'auteur. D'ailleurs un tel mélange

mais que la raison et la vérité doivent toujours aller avant tout, ou obtenir le premier hommage des philosophes, des gouvernemens et des peuples.

---

a le très-grand inconvénient de jetter le désordre, la confusion et l'incertitude dans l'esprit. Il faudroit donc dans les ouvrages des hommes illustres, ainsi que dans leur apothéose, séparer le bon du mauvais, et ne pas diviniser le tout indistinctement. On doit aux esprits supérieurs de la reconnoissance, mais point d'idolatrie ou de culte superstitieux, et la meilleure manière de les honorer est de puiser dans leurs ouvrages l'art de les juger et même de les surpasser. Il y auroit donc un bon ouvrage à faire, ayant pour titre : *Revue philosophique et impartiale des principales productions de l'esprit humain* (*). On verroit à côté des vérités et des découvertes dont les meilleurs philosophes (Bacon, Newton, Loke, Léibnitz, Buffon, Descartes, Condillac, Voltaire, Helvétius, etc.) ont enrichi le domaine des sciences et des arts; le tableau des mauvais raisonnemens, des écarts et des erreurs où ils sont tombés; et ce tableau, sans rien diminuer de la reconnoissance et de cette estime *sentie* que nous leur devons, nous préserveroit de cet engouement aveugle qui, nous faisant adopter indistinctement comme vrai, comme excellent, tout ce qu'ils ont écrit, est plus propre à retarder qu'à accélérer les progrès des sciences et de la raison. — Souvent l'on peut être supérieur dans une partie et plus que médiocre dans une autre; souvent, après avoir montré la plus grande force de tête dans la solution des problèmes les plus difficiles, on finit par raisonner sur certains objets d'une manière pitoyable, et c'est ce qui arrivera toujours lorsqu'on quittera le fil de cette analyse universelle (**) si propre à fixer la ligne qui sépare la vérité de l'erreur et qui doit présider à la solution de toutes les questions, comme au choix ou au triage de toutes celles qui sont susceptibles d'être résolues. — O misère, ô foiblesse de l'esprit humain! Le grand Newton a

(*) Je pourrai m'en occuper par la suite.

(**) Voyez première partie, discours préliminaire, page 20.

Je

Je ne m'étendrai donc pas davantage pour démontrer que les lumières bien dirigées sont la source de

---

commenté l'Apocalypse ; le célèbre, l'excellent, l'universel géomètre Euler étoit, dit-on, crédule et dévot; Loke est souvent théologien, et le sage Condillac laisse de tems en tems percer le langage du prêtre à travers celui du philosophe. Que d'erreurs, de contradictions, de paradoxes et de chagrins, Jean-Jacques se seroit épargné, s'il eût mieux connu sa tête, s'il eût été plus instruit, et qu'il eût pris la peine d'analyser ses opinions comme peut le faire un lecteur impartial et assez éclairé. De quelle importance n'est-il donc pas pour l'homme de génie qui veut éviter de pareils écueils de commencer par acquérir une notion générale et très-exacte de toutes les sciences, afin de savoir au juste ce qui est du ressort de la raison, d'avec ce qui appartient aux fictions poétiques, à la mythologie et à la fable, afin de connoître à fond son esprit, comme un bon ouvrier connoît l'instrument dont il se sert, et de se défier de l'influence de l'habitude et des préjugés de la première éducation. Car je ne puis faire aux grands hommes précités l'injure de croire qu'ils aient voulu employer leur génie et leur nom à consacrer des absurdités, ou à immortaliser des préjugés, autrement ce seroit-là, selon moi, une grande tache à leur gloire. On peut par amour pour la paix et le repos, éviter de choquer certains préjugés, mais c'est une bassesse de la part d'un philosophe de trahir à-la-fois sa conscience et la vérité en employant sa plume à les affermir et à les défendre.

L'homme qui se propose d'écrire sur les grands objets de la philosophie et de traiter à fond ces belles questions qui intéressent plus ou moins tout le genre humain, doit réunir à une tête vaste, à beaucoup d'instruction, cette disposition heureuse dont parlent Tacite et Salluste : *sine ira et studio, quorum causas procul habeo, a spe et metu animus liber erat* : il est bon et beau de prendre pour devise : *vitam impendere vero*, mais il faut ensuite avoir grand soin quand on écrit de ne point la perdre de vue.

Croiroit-on, si la plupart de nos journaux (an 6, an 7, an 8, etc.) n'en faisoient foi, qu'un certain *Recreim*, connu d'abord par

la richesse et du bonheur des particuliers et des nations : la chose est assez prouvée par le fait, par la

---

quelques écrits qui ne sont pas tout-à-fait dépourvus de mérite, ait décrié publiquement les sciences et les arts, et déclamé tour-à-tour contre la peinture, la sculpture, la musique, la géométrie et l'astronomie, etc.; qu'il n'ait pas même respecté Newton et les hommes illustres ses disciples ou ses égaux; qu'en un mot il ait pris plaisir à proclamer lui-même son ignorance, en voulant raisonner sur des choses qu'il n'entendoit pas, et qu'entend parfaitement le dernier des élèves, je ne dis pas de l'Ecole polytechnique qui souvent renferme des gens de génie, mais de nos écoles départementales, et de presque toutes les écoles européennes où la vraie science est enseignée et honorée. Cette manière de vouloir s'illustrer ressemble trop à celle du fameux *Erostrate*, et il me semble que ceux qui l'emploient sont plus faits pour loger aux Petites-Maisons qu'au temple de l'immortalité.

Un autre fou du même genre qui, sans doute, a voulu en déclamant aussi contre les philosophes, se consoler du malheur de ne pouvoir les comprendre, nous a gratifiés d'une nouvelle physique appuyée sur le texte de la Genèse et le merveilleux système des causes finales. Il ne voit par-tout qu'*ordre*, *convenance*, *harmonie*, *consonance*, *contrastes*, etc.; tout en nous parlant continuellement de lui, de ses malheurs, en se plaignant amèrement de l'injustice, de la méchanceté et de l'ingratitude des hommes, il veut nous persuader que tout *est bien*, *très-bien* sur notre petit globe; que l'animal homme est l'enfant chéri, le mignon de la nature, et que les terres et les mers se sont façonnées et arrangées tout exprès pour lui procurer la plus agréable et la plus commode des demeures : mais où ce grand homme excelle, c'est dans son explication des marées. Les grandes vérités de l'astronomie physique mises à la portée des esprits les plus communs ne valent rien pour lui; à l'entendre il faudroit presque brûler Newton, Kepler, Euler, d'Alembert et tous nos grands géomètres modernes qui ont donné à la théorie

supériorité évidente qu'a l'homme instruit et bien élevé sur l'ignorant et le rustre, par l'exemple jour-

---

du système du monde le plus haut degré d'évidence ; il est clair que ces bonnes gens-là ne savoient pas étudier la nature.

L'homme dont je parle paroît avoir beaucoup voyagé, mais il semble qu'il n'ait regardé et vu les objets qu'avec les yeux de Malbranche, qui avoit le bonheur de voir tout en Dieu. On voit d'ailleurs presqu'à chaque phrase de son livre (et il a la naïveté de nous en avertir lui-même), qu'excepté en botanique, il est fort ignorant dans les sciences : on peut donc l'inviter à en étudier les premiers élémens ; il verra que ce beau pays de l'intelligence et de la raison humaine mérite bien au moins qu'il y fasse un voyage avant de le décrier. On l'invite encore à lire (si toutefois sa haine pour les philosophes le lui permet) le roman philosophique de Candide, par un de nos plus beaux génies du dix-huitième siècle, qui n'aimoit pas les Welches, et qui ne parloit de Newton qu'avec un profond respect. — *Ne sutor ultra crepidam* ; quand on n'est propre qu'à faire des romans, il faut se borner là, et se contenter de l'avantage d'amuser les hommes quand on n'a pas le talent de les éclairer.

Un troisième personnage, grammairien distingué, mais qui ne dédaigne pas pour se faire valoir de recourir aux petites ruses de l'hypocrisie, de l'intrigue et du charlatanisme, qui de plus a le malheur de se croire le premier métaphysicien du monde, et de décrier des gens de beaucoup supérieurs à lui, paroît s'être imaginé que le titre de philosophe n'étoit pas par lui-même assez beau, et qu'il étoit bon de l'embellir par un langage et une conduite dignes d'un capucin ; mais je doute fort que le fanatisme, j'ai presque dit le cagotisme qu'il a affecté avec tant d'ostentation, ait réussi à autre chose qu'à lui enlever l'estime des hommes faits pour estimer, et les seuls dont le suffrage soit flatteur pour un homme d'un vrai mérite. On n'habite pas en même tems deux pays antipodes, et l'on ne peut être à-la-fois théologien et philosophe. Ce sont-là deux rôles incompatibles, il faut nécessairement opter.

C'est avec une profonde douleur que le vrai philosophe, l'ami

nalier de cette foule d'individus qui ne doivent l'acquisition, la conservation ou l'accroissement de leur

---

sincère des progrès de l'esprit humain, voit des hommes à talent encens r l'erreur, caresser des préjugés qui ont fait si longtems le malheur de l'espèce humaine, et en cherchant à corrompre et à égarer l'opinion, ont toujours l'air de regretter le règne ténébreux de la Scholastique et la doctrine des absurdités. Qu'est-ce que cette étrange production qu'on vient de nous donner pour la *Philosophie de Kant*! Comment dans cet écrit, plus digne du treizième siècle que du dix-neuvième, a-t-on pu insulter aussi effrontément Bacon, Loke, Condillac, Voltaire, Helvétius, etc., et tous ces hommes qui ont fait ou qui font l'honneur de leur espèce et la gloire de l'esprit humain? Pourquoi substituer au langage simple et clair de la vérité et du bon sens, à l'ordre et à la méthode qui caractérisent tous les bons ouvrages philosophiques, et sur-tout ceux des écrivains français (l'Europe savante et pensante en convient), ce désordre, cette foule d'expressions barbares, d'assertions fausses, cet inutile échafaudage de termes (*empirisme*, *dogmatisme*, *rationalisme*, *transcendentalisme*, etc.) qu'Horace appeloit avec tant de raison *sesquipedalia verba*, et qui rendent l'ouvrage en question aussi dégoûtant par la forme qu'il l'est par le fond, composé d'un ramas de chapitres décousus, surchargé de citations, et d'injures très-peu philosophiques contre les seuls vrais philosophes. — Si c'est-là la philosophie allemande (ce que j'ai peine à croire), combien je rends graces au ciel d'être Français (*).

Au reste je pense et je crois avoir prouvé de reste qu'il ne peut, qu'il ne doit y avoir qu'une bonne philosophie (parce qu'il n'y a qu'une nature, qu'une raison, qu'une vérité, qu'une géométrie). La mienne et celle de mes compatriotes, dignes du nom de philosophes, n'est donc pas plus française, qu'anglaise, suédoise,

(*) Le C. Degerando a, dit-on, pris la peine de réfuter l'ouvrage dont il s'agit; en ce cas, je trouve qu'il lui a fait bien de l'honneur.

Nota. Je ne connois personnellement aucun des individus dont je parle ici; l'amour seul du vrai m'anime, et seul il m'animera toujours.

fortune, qu'à leur industrie, à leurs talens, à leur esprit enfin, et par celui de tous les peuples civilisés

---

italienne, etc.; elle n'est que *humaine* : elle doit être de tous les pays et de tous les siècles, et durer autant que l'organisation actuelle de l'homme sur laquelle elle est fondée. — J'aurois donc pû intituler mon livre : *Elémens de la vraie philosophie* ou *Fondemens des sciences et de la raison humaine.* Et c'est à ce a que revient le titre qu'il porte.

Il ne faut pas profaner l'éloquence et l'art d'écrire en les employant à semer dans les têtes humaines des erreurs et des préjugés. Rien de plus dangereux que tous ces livres qui offrent à l'esprit l'alliage d'un peu de vrai avec une immense quantité de faux. De pareils écrits ne sont propres qu'à faire rétrograder la raison humaine, à nous replonger dans l'ignorance et la barbarie. Heureusement l'opinion publique commence à être assez formée en Europe pour faire justice de pareilles productions; *opinionum commenta delet dies, naturæ judicia confirmat* : par malheur aussi le nombre des mauvais juges et des charlatans est encore incomparablement plus grand que celui des bons esprits, des vrais philosophes; et peut-être tout gouvernement sage et ami du progrès des lumières devroit-il nommer dans chaque pays une commission formée des premiers savans, des meilleures têtes pensantes, pour empêcher la circulation des mauvais écrits à-peu-près comme on défend les poisons; ou du moins en publiant comme un contre-poison le tableau des faussetés qu'ils renferment, mettre le public, et sur-tout la jeunesse, en garde contre eux : c'est ainsi que les papiers publics préviennent les citoyens d'un état qu'une main ennemie de la société a introduit dans la circulation de fausses pièces de monnoie ou de faux billets de banque, en indiquant les caractères auxquels on peut les reconnoître. Nous avons eu assez longtems des censeurs pour empêcher le bon sens, la justice et la raison de circuler, ne pourrions-nous pas en établir pour arrêter le cours de l'erreur, des préjugés et du mauvais goût.

Quoi! nous entrons dans le dix-neuvième siècle, et malgré cette foule de grands hommes qui ont éclairé et illustré le siècle

qui ont brillé ou brillent encore sur le globe (les Grecs, les Romains, les Français, les Anglais, les Anglo-Américains, etc.). Il me suffira d'avoir prouvé que sans lumières il n'y a ni arts, ni lois, ni commerce, ni société, ni bonne administration, et que l'éducation qui donne les connoissances en tout genre, qui crée nos habitudes, nos facultés, notre force physique et morale, nos passions, nos opinions,

---

précédent, la race des Fréron, des Gauchat, des Garasse, des Patouillet, des Nonotte, etc., vit encore. Tu n'es plus divin Arouet, et cette foule de vipères, cette hydre dont tes flèches acérées et ta puissante massue devoient purger la terre, semble aujourd'hui renaître de ses cendres. Ah! Welches, vous avez beau faire, la raison humaine ne rétrogradera pas; l'esprit humain gravite et s'avance (lentement il est vrai), mais il s'avance vers la perfection. Peu-à-peu l'Europe s'instruit et se civilise; elle est présentement plus éclairée et mieux ou moins mal gouvernée qu'elle ne l'ait jamais été. Allez, petits insolens, écrivains mercenaires, qui vous croyez quelque chose, parce que vous avez la puérile audace d'insulter les mânes des grands hommes; vous ne serez jamais que les précepteurs de la canaille et l'horreur de tous les honnêtes gens : lisez, lisez ces vers qui semblent faits pour vous.

Pauvre ignorant! Eh! que prétends-tu faire?
Tu te prends à plus dur que toi;
Petit serpent à tête folle,
Plutôt que d'emporter de moi
Seulement le quart d'une obole,
Tu te romprois toutes les dents,
Je ne crains que celles du tems.
Ceci s'adresse à vous, esprits du dernier ordre,
Qui, n'étant bons à rien, cherchez sur tout à mordre;
Vous vous tourmentez vainement.
Croyez-vous que vos dents impriment leurs outrages
Sur tant de beaux ouvrages?
Ils sont pour vous d'airain, d'acier, de diamant. LA FONTAINE.

notre caractère enfin (car le caractère se compose de tout cela), est une introduction nécessaire à la bonne organisation des états, aux bonnes lois, aux bonnes mœurs, aux vertus, ainsi qu'à la vraie liberté, à la force et à la prospérité des peuples policés, et par conséquent mérite de la part des gouvernemens la plus constante et la plus sérieuse attention; sinon ils courent risque de bâtir sur le sable un édifice peu durable, parce qu'il n'a point de solides fondemens.

En un mot, puisque les lumières sont un ingrédient nécessaire et le principal élément de la force publique; et puisque le globe est le domaine naturel du plus fort, il s'ensuit que les chefs des nations, qui tous aspirent à la supériorité ou à l'équilibre des forces d'où naît le repos, doivent aussi vouloir, appeler et favoriser de tout leur pouvoir la supériorité des lumières. Ils doivent donc tous à l'envi se déclarer les protecteurs des vrais savans, de la vraie philosophie ou de la vraie science, et laisser le génie se développer librement sous toutes les formes.

Pourquoi les Français et les Anglais sont-ils les deux premiers peuples du globe? C'est qu'ils sont les plus éclairés. Pourquoi les Indiens, les Turcs, les Persans, etc., sont-ils les derniers des peuples sous le climat le plus heureux? C'est qu'ils sont les plus ignorans, les plus superstitieux. Quel bien, en effet, n'ont pas fait aux hommes, et quel appui, quels secours n'ont pas donné aux chefs des états les grandes sociétés savantes de Paris, de Londres, de Berlin, etc., et les réunions semblables créées par tous les bons gouvernemens ? Ne peut-on pas les regarder comme des réservoirs éternels et toujours croissans de lumières, auxquels ils ne peuvent s'empêcher d'avoir recours, et dont j'ose dire qu'aucun bon gouvernement ne peut se passer? — Mais, par malheur, tous ne sentent pas jusqu'à quel degré d'élévation ils pourroient porter un peuple, en développant par une excellente éducation, et fortifiant par de bonnes lois cette énergie primordiale, ou ces germes d'instruction et de passions nobles qui existent plus ou moins chez tous les hommes, et ceux qui le voient ne veulent pas le faire, parce que leur intérêt bien ou mal entendu s'y oppose : les Licurgue, les Solon, les Marc-Aurèle, les Frédéric, etc., sont rares ; peu de gouvernemens sont assez généreux pour concevoir et exécuter le projet de donner aux facultés de l'homme tout leur développement en bien : beaucoup trouvent préférable et plus commode de l'abrutir ou de le laisser croupir dans l'ignorance pour le gouverner plus facilement ; on sait que les animaux les plus stupides sont aussi les plus dociles, et que la matière brute prend tous les mouvemens, toutes les formes qu'on veut lui donner, et ne résiste que par son inertie et sa masse.

Terminons ce chapitre en essayant de soumettre au flambeau de l'analyse le fameux problême à qui Jean-Jacques a dû en partie sa célébrité.

Que signifie au fond cette question : *les sciences*

et les arts ont-ils contribué à épurer les mœurs ? Ne faut-il pas beaucoup de connoissances pour former de bonnes mœurs ? Les mœurs d'un peuple n'étant que la somme des habitudes individuelles, leur pureté, leur bonté ne dépend-elle pas de celle de l'éducation qui préside à leur formation, et toute bonne éducation n'est-elle pas nécessairement basée sur la raison comme sur les arts et les sciences qui en sont les élémens ou les produits ? Ne repose-t-elle pas sur la connoissance approfondie du corps, de l'esprit et du cœur de l'homme ; et cette connoissance si difficile à acquérir ne suppose-t-elle pas évidemment le développement des passions et des talens, et le perfectionnement des arts et des sciences, enfin l'un et l'autre ne sont-ils pas une suite nécessaire de la réunion des hommes en société ou de l'état de civilisation ?

Le problème précité, pour n'être point absurde, doit donc se réduire à celui-ci : *jusqu'à quel point est-il avantageux à l'homme de se civiliser, ou quel est le degré de civilisation qui peut procurer le plus de bonheur à l'espèce humaine ?* Or la question ainsi posée exige, pour être résolue, un tableau historique de toutes les nations, ainsi qu'une analyse profonde des machines sociales et des individus qui les composent ; elle suppose que l'on puisse connoître toutes les variations successives du genre humain depuis sa naissance jusqu'à ce jour, tous les états possibles par où puisse passer un peuple civilisé, et que parmi ceux-ci l'on sache assigner, avec une vue profonde et étendue, le meilleur ou celui qui procure le plus de bien avec le moindre mal. Or nous sommes loin d'avoir des données suffisantes pour une pareille solution qui, peut-être, surpasse les forces de l'esprit humain, et à laquelle on ne peut certainement se flatter de parvenir dans quelques pages d'une éloquente déclamation. Pour cela, il faudroit avoir une galerie de tableaux exacts et comparatifs pour tous les degrés de la civilisation; il faudroit de plus avoir assez de bonne foi pour mettre dans un côté de la balance le bien qu'ont produit dans tous les tems, dans tous les pays, chaque art, chaque science, et de l'autre le mal résultant de l'abus qu'on en a pu faire; il ne faudroit pas confondre les sciences réelles avec celles dont il n'a jamais existé que le nom, ou qui n'étant qu'un recueil de contes ou d'absurdités, ne méritoient pas le nom de science. Nous ne possédons encore que l'histoire assez peu fidèle de quelques peuples, ou de quelques foibles portions du genre humain (1). Nous ne connoissons point de grand peuple dont la constitution ait été uniquement basée sur la raison, et dont toutes les parties soient en harmonie les unes avec les autres, et c'est à la contradiction qui a presque toujours régné dans les élémens des constitutions, c'est-à-dire, dans l'éducation, la législation, l'opinion publique et la

---

(1) Il est très-vraisemblable que l'homme existe depuis plusieurs millions d'années, et nous avons à peine sur lui environ trois à quatre mille ans d'observations; qu'est-ce que cela par rapport à la durée totale du genre humain? (Voyez première partie, page 183, etc.).

religion, etc., qu'il faut attribuer les vices ou la corruption des mœurs. Ils sont nés de l'ignorance des vrais principes de l'art de faire de bonnes lois et de bien gouverner, et non des progrès des arts et des sciences dont la plus difficile, la plus compliquée et la plus lente à se former ou à se perfectionner est celle de la législation, parce qu'elle embrasse les élémens de toutes les autres, et suppose l'union constante du raisonnement, de l'expérience et du tems.

Au reste, je ne crois pas que l'histoire, telle qu'elle est, appliquée avec justesse et impartialité à l'objet dont il s'agit, puisse offrir aucune conséquence contraire à la culture des arts et des sciences. Les relations des voyageurs les plus dignes de foi nous montrent presque toutes les peuplades sauvages menant une vie inquiète, précaire et misérable, perpétuellement en guerre les unes contre les autres, réduites à s'entredévorer, exposées aux attaques des bêtes féroces, aux injures du tems, au tourment de la faim, de la soif, et presque sans moyens pour se soustraire à cette foule de dangers et d'ennemis, dont l'homme sauvage est sans cesse environné, mais dont l'homme civilisé sait se préserver sous l'égide des arts, des lois et de la force publique. Je ne conçois guère ce qu'un pareil état peut avoir de si desirable ; il présente toute la rudesse et la grossièreté des premières passions, la brutalité, le caprice, la ruse ou la force en place des lois ; quelques usages grossiers, des germes de superstition et d'erreurs, en un mot l'homme se débattant sous le joug de la stupidité, de l'ignorance, de la misère et de la barbarie, aux prises avec tous les maux de la nature, sans avoir les moyens de les combattre. Combien cette portion du nouveau monde, occupée par la nation civilisée et commerçante des Etats-Unis, n'est-elle pas supérieure en éclat, en puissance, en bonheur, au reste de l'Amérique déserte et inculte ? Quelle douleur pour l'homme humain et pensant de voir l'immense continent de l'Afrique livré à l'ignorance, à l'esclavage et à la dépopulation, tandis que tant de millions d'hommes civilisés et heureux pourroient y habiter des cités brillantes, au sein de vastes et fertiles campagnes !

On n'est guère plus satisfait du tableau qu'offrent des peuples plus nombreux, plus avancés dans la civilisation, mais toujours livrés aux coutumes les plus ridicules ou les plus atroces, aux superstitions les plus révoltantes, aux usages les plus dégoûtans, et joignant aux guerres commandées par la nécessité et la faim dans l'état de sauvage, cette chaîne toujours renaissante de honteux massacres ordonnés par le despotisme, le fanatisme, ou l'abus de la religion. Quelles annales que celles de l'Egypte, de la Turquie, de la Perse, du Mogol, de l'Indostan, du Japon, etc., et en général quelle histoire que l'histoire théologique et religieuse de tous les peuples !

Concluons que l'enfance des sociétés humaines est comme celle des individus un état de foiblesse, de misère, de douleur, etc. ; un état auquel elles ne peuvent trop tôt s'arracher : aussi ont-elles comme les individus une tendance naturelle à le faire. Avec quel plaisir, quel enthousiasme et quelle reconnoissance les Sauvages, à qui Cook et Bougainville ont été porter les outils de nos derniers artisans (des clous, des haches, des couteaux, etc.), ne les ont-ils pas reçus. Dans l'antiquité, n'a-t-on pas dressé des autels, élevé des temples aux inventeurs des arts, aux destructeurs des monstres, etc.? Hercule, Thésée, Bacchus, Cérès, etc., enfin tous les premiers grands hommes n'ont-ils pas été adorés comme des dieux ou des demi-dieux par leurs compatriotes reconnoissans? — Enfin pourquoi desire-t-on avec tant d'ardeur le séjour des grandes villes (Paris, Londres, Amsterdam, Rome, Naples, Venise, etc.)? Pourquoi, lorsqu'on y a vécu quelque tems, a-t-on tant de peine à les quitter? C'est qu'on s'y trouve mieux que par-tout ailleurs; c'est qu'elles nous offrent, avec la protection d'une grande force publique et la tranquillité qu'assure une bonne police, cette réunion délicieuse de lumières, de talens, de ressources et de jouissances dont l'homme qui a un peu d'esprit et de mérite est naturellement avide; enfin c'est que nous aimons à voir l'espèce humaine dans tout son éclat. Eh! quel est le stupide mortel que ne puisse échauffer ou enflammer cette idée : *la nature, en créant les hommes ignorans et foibles, n'avoit fait que des automates; le génie de l'homme, plus puissant que la nature, a su transformer de vils animaux en dieux.*

Ce pouvoir presqu'illimité d'aggrandir son être par

une continuelle accumulation de connoissances, n'équivaut-il pas à la faculté de se donner de nouveaux sens ? et si, de l'aveu de tout le monde, c'est un si grand malheur que de perdre la vue, l'ouie, etc., de naître sourd et muet ou de le devenir ; n'est-on pas obligé de convenir qu'il n'est guère moins fâcheux d'être privé de cette existence supérieure et presque divine que donnent l'étendue et la supériorité des lumières ? Quelles délices pour un philosophe, un poète, un peintre, un sculpteur, un musicien de pouvoir faire sans cesse, l'un de nouvelles observations, de nouvelles découvertes, les autres de nouveaux poëmes, de nouveaux tableaux, des statues nouvelles, de nouvelle musique ! Quel homme peut s'ennuyer et se croire malheureux tant qu'il lui reste de nouvelles idées à acquérir, de nouveaux arts à créer, de nouvelles sensations à éprouver ? J'avoue qu'on ne peut apprécier ni desirer ce qu'on ne connoît pas ; ainsi, par exemple, l'aveugle né, à qui M. Cheselden fit l'opération de la cataracte, avoit peine à s'y décider, parce que pouvant se suffire avec le sens du toucher, n'ayant aucune idée des jouissances que donne le bel organe de la vue, il ne pouvoit souffrir de sa privation : mais combien de fois ne se réjouit-il pas ensuite d'avoir recouvré ce brillant instrument d'une nouvelle existence ! Les sens extérieurs n'ont la plupart que des jouissances bornées, passagères, et rapidement suivies de la satiété et du dégoût ; l'organe des idées (le cerveau) a un appétit insatiable de connoissances, et trouve dans l'étude une mine inépuisable de plaisirs : comment ne pas reconnoître là le vœu de la nature, et la plus noble destinée de l'homme ?

Il faut l'avouer, cette nature, jalouse d'aggrandir et de perfectionner son ouvrage, semble, en attachant le plaisir au développement des facultés de l'homme, au perfectionnement de tous ses sens, lui imposer la loi de s'avancer le plus loin qu'il peut dans la route des arts, des sciences et de la civilisation : ne pouvant augmenter le nombre de ses sens, il augmente et varie celui de leurs habitudes et de leurs jouissances ; il ne peut créer de nouvelles matières, mais il sait imprimer à la matière existante une inépuisable variété de formes nouvelles : si son génie ne peut produire à volonté de nouvelles espèces vivantes, il enfante ce monde de statues et de tableaux supérieurs aux objets naturels. Il ne peut changer entièrement les productions de la terre, mais il les multiplie et les améliore par la culture : tantôt il prépare ou rassemble les matériaux de ses constructions, et tantôt il s'amuse à recueillir, à enregistrer des faits et des idées, sources de nouvelles découvertes ; et de là naissent tous les trésors de l'industrie et de l'esprit humain, et les premières bases du commerce et de la richesse des nations.

Ainsi donc les hommes une fois réunis en société s'instruisent et s'éclairent réciproquement, et l'industrie, les richesses, les plaisirs, l'abondance et le luxe suivent nécessairement les progrès de la population, de la civilisation et des lumières : il est vrai que la multitude des besoins et des jouissances en occupant trop les hommes d'eux-mêmes, tend à les rendre égoïstes et mauvais citoyens ; mais si les lois sont bonnes, elles sauront remédier à ce vice en rattachant l'intérêt particulier à l'intérêt public, et faisant coïncider l'un avec l'autre. Les machines sociales, à mesure qu'elles se compliquent par l'accroissement du territoire, de la population, des arts, des sciences, de l'industrie et du commerce, deviennent, à la vérité, plus massives, plus difficiles à remuer et à gouverner : mais en présentant une plus grande somme de forces, elles offrent aussi plus de ressources et de plus grands leviers pour les mouvoir, comme elles supposent plus de génie de la part des gouvernans. D'ailleurs si l'éducation, les lois et l'art de gouverner vont en se perfectionnant avec tout le reste, l'on gagne donc plus d'un côté qu'on ne perd de l'autre ; et l'on peut, ce me semble, avec une bonne administration, se conserver, sinon toujours, au moins très-longtems dans un état de splendeur et de prospérité. Il est possible qu'une société en vienne à un tel point de complication et d'étendue, que, pareille à une mécanique trop surchargée de rouages, elle ne puisse plus, qu'avec peine, exécuter ses mouvemens : c'est-là le terme de son élévation et de son aggrandissement ; alors elle s'arrête et se décompose (après la crise violente et souvent inévitable de l'anarchie et de la guerre civile) en tourbillons plus petits, et plus aisés à coordonner et à gouverner. Peut-être enfin les corps politiques ont-ils, comme le corps humain, leur naissance, leur enfance, leur jeunesse, leur âge mûr, leur vieil-

lesse,

lesse, ou leur décadence et leur mort; mais dans l'un comme dans l'autre cas, cette chaîne de variations, dont se compose leur existence, est également une suite nécessaire de leur construction, de leur organisation (ou du nombre et de la qualité de leurs élémens), et c'est une aussi grande folie de vouloir s'en prendre aux sciences et aux arts, que de s'élever contre le mouvement du sang, la respiration, et les alimens qui font végéter et vivre le corps humain, comme les autres le corps social.

Il peut se faire que par un bon régime on prolonge, jusqu'à un certain point, la durée des états, que l'on recule de beaucoup le terme de leur chûte ou de leur décomposition; mais ce terme à la longue me semble inévitable, et l'histoire, par malheur, ne confirme que trop la justesse de cette comparaison : alors chaque degré de la civilisation d'un peuple aura ses inconvéniens et ses avantages, ses plaisirs et ses peines, comme chaque âge de la vie humaine a les siens, et le plus bel âge d'une nation sera celui où, par un plus heureux accord des lumières, ou de l'éducation, de la législation et du gouvernement, elle présentera tout-à-la-fois la vigueur et l'amabilité de la jeunesse, et toute la raison de l'âge mûr.

Je pourrois, en faisant une exacte dissection du discours de Rousseau contre les arts et les sciences, développer aisément le tissu d'absurdités et de contradictions qu'il renferme; mais d'autres l'ayant déja fait avant moi, je regarde, avec tout le public éclairé et raisonnable, cet étrange procès comme irrévocablement jugé, et je finis en répétant que les sciences, les lettres et les arts sont les vrais élémens de la raison humaine, et le plus noble apanage de notre nature; et que travailler à leur invention, leur perfectionnement et leur propagation, c'est s'occuper de tout ce qu'il y a de bon et de beau, d'utile, de grand et de respectable chez les hommes, en un mot c'est fonder ou consolider l'empire de la vérité, de la justice, de la vertu, de la vraie gloire et du vrai bonheur.

CHAPITRE VIII.

Des puissances morales qui agissent sur les états, et par occasion des religions considérées comme un de ces leviers politiques.

La religion, dont je n'ai rien dit jusqu'ici, en la considérant comme élément de l'éducation ou de la législation, a eu dans presque tous les tems, et dans tous les pays, une si grande influence sur le sort des hommes et des états, que je ne crois pas devoir passer tout-à-fait sous silence l'action de ce vieux ressort politique.

Pour savoir jusqu'à quel point la religion peut influer sur la conduite et le bonheur des hommes, considérons un instant l'ensemble des différentes forces ou puissances agissantes sur les sociétés.

Les principes d'action auxquels sont soumis les

individus réunis en sociétés, les principaux leviers qu'emploient les gouvernemens pour agir sur eux sont 1°. l'amour de soi ou l'intérêt personnel, qui force chacun de veiller à sa conservation et à son bien-être; 2°. les lois qui prescrivent ce qu'il faut faire ou éviter, et déterminent pour chaque cas les châtimens ou les récompenses; 3°. l'opinion publique qui a aussi sa manière de récompenser et de punir; 4°. la religion.

Tout le monde obéit à la première force (l'intérêt personnel) qui est aussi la première des lois, et c'est au génie du législateur à le faire coïncider avec le bien public, de façon que celui-ci en résulte toujours autant que possible : l'exécution d'une loi n'étant jamais plus assurée et plus durable que quand tout le monde y trouve son profit.

Les lois civiles considérées comme l'expression de la volonté publique et l'apperçu des moyens d'assurer la félicité de tous (ou au moins du plus grand nombre), en introduisant dans la société la plus grande somme de bonheur, sont une seconde force presqu'aussi générale que la première qui doit leur servir de base, et à laquelle elles doivent (conformément à leur institution) servir de régulateur et de frein. — Dès que les lois, longtems méditées et arrêtées enfin par un vaste génie ou par une réunion d'hommes supérieurs, ont fixé la ligne de démarcation du vice et de la vertu, tracé le cercle des droits et des devoirs, et fixé pour chaque cas la récompense ou la punition que la raison et l'équité attachent aux actions humaines, leurs arrêts doivent être inflexibles comme des axiomes de géométrie, et leur application constante et invariable pour tous les individus soumis à leur action. Ce n'est pas sans raison, comme on voit, qu'une fiction ingénieuse a donné à Thémis, à la déesse chargée de rendre la justice et de faire exécuter les lois, une balance et un bandeau, emblêmes de l'égalité et de l'impartialité (1).

Mais quels que soient la sagesse et le génie qui président à la confection des lois, elles ne peuvent guère embrasser que les principaux cas, relatifs à la conservation des individus et de leurs propriétés (qui sont la vie, la liberté, la fortune et l'honneur), il reste toujours une foule de circonstances et de positions imprévues, qu'il seroit trop minutieux de prévoir ou impossible de fixer par un dénombrement exact. Cet ensemble d'actions et de procédés sur lesquels la loi n'a pas prononcé, et qui intéressent plus ou moins tous les citoyens, est du ressort d'une troisième force ou puissance : c'est l'*opinion publique* (2) qui se charge de récompenser ou de punir les actions que la loi ne pouvoit atteindre.

Aux trois forces précitées, les seules réellement agissantes, sur la portion éclairée des sociétés, les législateurs en ont presque tous ajouté une qua-

(1) On peut, ce me semble, demander ici, si et jusqu'à quel point le droit de faire grace, qui semble mettre un seul homme au-dessus des lois, est compatible avec un bon gouvernement et la constitution d'un peuple libre.

(2) Voyez ce que j'en ai dit dans le chapitre précédent.

trième ; c'est la *religion*. Elle est sur-tout destinée à contenir, à régir et à consoler la portion des sociétés la plus nombreuse, la plus pauvre et la plus ignorante ; mais elle n'agit que peu ou n'agit point du tout sur les esprits cultivés et les têtes pensantes qui voyant clairement à travers le mécanisme de toutes les religions, la fausseté, les préjugés et les erreurs de convention dont on les a composées, ne les prennent que pour ce qu'elles sont, et ne les estiment que ce qu'elles valent, mais qui se font un devoir de les respecter quand elles sont douces et bienfaisantes, et que leurs ministres s'honorent d'être hommes : car il faut se souvenir que l'imagination est souvent une grande source de bonheur, et laisser à chacun la jouissance libre et entière des illusions qui ne font de mal à personne ; il ne faut les combattre que quand d'audacieux et d'intolérans sectaires veulent, par les tortures, le fer et la flamme, les faire adopter par tout le globe comme des vérités géométriques, ou, ce qui revient au même, transformer les absurdités en raison, et contraindre les hommes de quitter celle-ci pour celle-là. Le penchant à la superstition est une sorte de maladie naturelle à l'homme né timide, ignorant, et crédule encore plus que curieux. Ce mal qui, sans doute, n'est pas incurable, semble ne pouvoir être guéri que par le progrès insensible des lumières devenues générales, et par la plus complette tolérance : qu'il soit donc permis à chacun d'être sot ou fou à sa manière, pourvu que personne n'ait à se plaindre de sa sottise et de sa folie ; et pourêtre que, las de parcourir les divers tourbillons de l'erreur, les hommes finiront enfin par se reposer dans le temple de l'immuable vérité.

Ce sont-là les quatre puissances qu'emploient les gouvernemens pour former, comprimer ou diriger les passions et les facultés, pour agir à-la-fois sur le corps, l'esprit et le cœur des gouvernés : plus l'une d'elles est foible, plus les autres doivent être fortes, afin de maintenir toujours l'équilibre : et comme la bonté des gouvernemens (supposés vouloir le bien) dépend beaucoup de l'étendue de leur puissance ou de la longueur du levier qu'ils emploient pour faire exécuter un bon plan de législation, j'en conclus qu'aux trois premières forces précitées on peut raisonnablement ajouter la quatrième qui (quand on sait la concilier adroitement avec elles) ne peut qu'ajouter un nouveau degré d'étendue aux moyens donnés par la nature et la société aux chefs des nations pour bien gouverner les hommes.

La religion, maniée avec toutes les précautions convenables, me paroît donc pouvoir être, jusqu'à un certain point, un ressort utile dans la main des législateurs et des gouvernans, et peut-être seroit-il impolitique de leur part d'ôter entièrement à la classe la plus nombreuse des sociétés cette source de bonheur et de s'ôter à eux-mêmes un des grands moyens qu'ils ont pour la civiliser, la gouverner et la rendre heureuse. Seulement il faut avoir soin de faire cadrer la religion avec l'état actuel des connoissances, l'opinion, l'éducation et les lois :

ainsi dans un état républicain où l'on est plus instruit, plus ami des lumières et de la liberté de penser, la religion doit avoir un air et un fond de raison qu'elle n'a point d'ordinaire dans les états despotiques. — Sans doute une nation qui seroit toute composée de sages ou d'hommes de bon sens et sans préjugés n'auroit besoin d'aucune religion; le code de la nature et de la raison formeroit tout son culte religieux; et les législateurs qui aspireroient à former un peuple raisonnable ne pourroient, sans contradiction, laisser subsister dans leurs institutions aucun genre d'erreur et d'absurdité. Ils doivent donc en élaguer ce tissu de fictions grossières formant la base commune des systêmes religieux. Mais lorsqu'au lieu d'un peuple neuf on a à gouverner une nation vieillie, habituée à une certaine classe de préjugés, leur destruction ne peut être que lente, successive et graduée sur le progrès insensible des lumières. Il semble que les foibles yeux des mortels (dans l'état présent de l'espèce humaine) ne puissent soutenir l'éclat de la vérité et de la raison pure : le jour leur est, pour la plupart, insupportable comme à ces oiseaux de nuit, qui ne se plaisent que dans les ténèbres, ou peuvent au plus supporter un foible crépuscule : ne pouvant changer tout-à-coup leurs yeux ou leur en donner d'autres, il faut les accoutumer à voir peu-à-peu le jour, en proportionnant la quantité de lumière à la foiblesse de leur vue. — Les hommes naissent et vivent longtems brutes et barbares, il faut des siècles pour les civiliser et les éclairer; et presque toujours leur décadence, leur retour vers la barbarie sont aussi rapides que leur élévation avoit été lente.

Au reste il ne faut pas perdre de vue, dans aucun système religieux, que s'il peut être bon de ne pas négliger tout-à-fait les plaisirs de l'imagination et de l'illusion, en donnant ou en laissant aux hommes l'espoir d'une autre vie pleine de délices pour les bonnes gens, et de supplices pour les méchans, il vaut mieux encore ne rien négliger pour leur procurer (*provisoirement*) dans celle-ci tout le bonheur dont leur nature les rend susceptibles ; et qu'il est tout au moins aussi sage de préparer, avant leur naissance, et de leur conserver durant le cours de leur existence, les matériaux et les instrumens de leur félicité viagère, que de s'occuper des moyens de les rendre éternellement heureux après leur mort.

Voici en quoi je trouve qu'une religion douce et sage peut être utile aux hommes. La tête du paysan, de l'artisan, et en général celle de l'homme simple et peu instruit, ne renferme pas, à la vérité, un grand nombre d'idées, mais en revanche son cœur a souvent une assez grande capacité de sentimens, un fond de desirs vagues, une inquiétude qui a besoin d'être fixée (1), les hommes ont en général

(1) Peut-être aussi cette inquiétude n'est-elle due qu'à l'importance, à la vogue que les ministres de la religion et du culte ont su donner par-tout à leur ouvrage, en courbant peu-à-peu l'esprit et le cœur de l'homme sous le joug des préjugés religieux, et un système d'habitudes devenues sacrées avec le tems ; peut-être sans cet artifice, qui est venu à bout de lui faire divi-

beaucoup d'imagination, fort peu d'intelligence, une grande passion pour le merveilleux, et fort peu

niser des fantômes, éprouveroit-il moins le besoin de se faire des dieux, et d'adorer des chimères, car cette maladie de l'imagination due en grande partie, ce me semble, à l'ignorance, à l'extinction du bon sens, etc., ne tourmente guère l'enfant, le sauvage et l'homme instruit; l'un se livre à ses jeux, l'autre à la chasse, à la pêche, etc.; l'étude et le travail remplissent tous les momens du troisième. Mais les personnes oisives ou peu occupées, dont la tête est vide d'idées et le cœur de sentimens, n'ont pas d'autre ressource que celle de se jetter à corps perdu dans le pays des fantômes (et voilà pourquoi presque toutes les femmes laides ou vieilles sont dévotes). Tous les hommes avides du merveilleux aiment plus ou moins à faire des châteaux en Espagne; et d'habiles imposteurs ont su, dans tous les tems et dans tous les pays, mettre à profit et renforcer singulièrement ce penchant naturel, qui a d'autant plus d'activité, que l'on est plus ignorant et plus oisif; l'on veut au moins rêver le bonheur dont on ne peut jouir; le monde imaginaire est bien plus étendu que l'univers réel, on s'y sent plus à son aise; d'ailleurs tout le monde a la fureur d'expliquer, tant bien que mal, ce qu'il ne connoît pas ou ne comprend pas. Eh puis on a peur de tout quand on est ignorant.

Voilà ce qui a porté les premiers hommes à semer des dieux sur tout le globe (*primus in orbe deos fecit timor*). C'est au milieu des tempêtes que le nocher les reconnoît et les invoque, il les oublie avec le calme qui ramène la sécurité. Nés parmi les convulsions d'un globe nouvellement organisé; longtems spectateurs et victimes de ses fréquentes secousses, des tremblemens de terre, des volcans, des affaissemens, des inondations, des tempêtes de l'air et des eaux, etc., en un mot de tous ces grands phénomènes contre lesquels ils sentoient que la force humaine ne peut rien; ne sachant à quel moyen recourir pour empêcher les terribles effets d'une force supérieure et inconnue, ils ont dû naturellement s'adresser à cette force même qu'ils voyoient répandue dans tout l'univers, et employer pour l'appaiser, la fléchir, les seuls moyens qui leur étoient connus et à leur portée

d'amour pour le vrai : ne pouvant éclairer assez la multitude pour tirer devant elle le rideau qui dé-

---

(une posture humiliée, des prières, des offrandes, des sacrifices, des jeûnes, des macérations, etc.). De là l'origine de tous les dieux, de toutes les religions, et de tous les cultes, dont l'extrême variété et la bisarrerie n'ont d'autres bornes que celles de l'imagination et de la folie humaine.

Les peuples qui habitoient des contrées plus riantes, plus paisibles, où la terre satisfaisoit plus amplement à leurs besoins, au lieu de trembler devant un pouvoir malfaisant, ont reconnu et adoré une puissance bienfaitrice ; et comme presque par tout le globe la nature fait sentir tour-à-tour à l'homme ses bienfaits et ses rigueurs, il est résulté de là que tous les peuples enfans, ont reconnu et adoré deux sortes de dieux ou de génies, *celui du bien* et *celui du mal*, de là la fable d'Oromase et d'Arimane, etc.

Du moment où l'on a eu créé des dieux à l'image des hommes puissans et des rois, on a dû naturellement leur attribuer toutes les qualités que l'expérience avoit déja fait reconnoître en ceux-ci : on les a faits tour-à-tour durs, inflexibles, injustes, capricieux, terribles, cruels, ou bien doux, humains, généreux, prévoyans, équitables, etc., suivant qu'on les comparoit à de bons ou à de mauvais rois. A mesure que l'analyse de l'homme l'a mieux fait connoître, on a ajouté de nouveaux élémens à ces êtres factices formés sur son modèle : enfin ayant reconnu toutes les qualités qu'il étoit avantageux à l'homme de posséder, et supposant qu'elles existoient toutes ensemble dans un degré infini, ou au plus haut degré possible, et réalisant cette hypothèse, on a donné naissance à un dieu un peu moins ridicule ou moins révoltant que la plupart des autres ; mais qui, comme l'on voit, n'est pas moins qu'eux l'ouvrage de l'imagination.

Si chaque fabricateur de dieux s'étoit contenté de jouir en paix de sa chimère, l'union auroit pu régner parmi les hommes ; mais les chefs ambitieux de cette multitude de sectes prosternées devant les divers fantômes émanés de leurs cerveaux, aspirant tous au monopole dans le commerce des idées religieuses, chacun d'eux a voulu assurer à son idole l'empire exclusif du globe (qui

robe à ses yeux la nature et ses lois, peut-être seroit-il sage, sinon de la tromper, comme on l'a fait presque par-tout d'une manière avilissante et propre à la rendre stupide, au moins de ne pas lui ravir entièrement une douce illusion qui peut adoucir ses maux. Les tristes humains sont, en général, si malheureux qu'il y auroit de la cruauté à leur ôter un moyen quelconque de l'être un peu moins, toutes les fois qu'il peut se concilier avec les lois et les institutions fondamentales d'un état, avec les vrais et premiers instrumens de la prospérité publique. Un

---

ne devroit appartenir qu'à la nature et à la raison); et les trop malheureux humains, transformés en bêtes féroces acharnées à s'entre-détruire, ont engraissé de leur propre sang cette terre qu'ils devoient se borner à cultiver en paix, à féconder et à embellir par leurs mutuels travaux. *Tantum religio potuit suadere malorum.* Croiroit-on que dans un siècle qui devroit être et qui se dit celui des lumières, les flambeaux du fanatisme ne sont pas encore éteints? Quand donc l'homme voudra-t-il prendre la peine de justifier et de mériter le titre exclusif d'*animal raisonnable* qu'il s'est donné lui-même! Et combien l'horrible frénésie des guerres de religion le rend à mes yeux inférieur aux animaux, paisibles habitans des forêts et des deserts.

Infortuné mortel, qui as si peu de tems à vivre, emploie-le du moins à contempler, à étudier cet univers qui t'environne; ce globe sur qui tu reposes avec le pouvoir de le parcourir, et cette nature toujours agissante dont tu formes un si petit élément, mais un élément nécessaire, quelle que soit la forme sous laquelle les lois éternelles de la matière ou de ce grand tout t'obligent d'exister. Tandis que tu es homme, aime tes semblables, développe et cultive ta raison, et au nom de cette éternelle vérité que tu es appelé à connoître, cesse de te tourmenter et d'égorger tes frères pour des chimères: en un mot *travaille, sois juste et vis en paix,* car voilà toute la morale.

tel aveu ne peut qu'honorer un vrai philosophe qui sait, quand il le faut, *subordonner l'amour même de la vérité à l'amour sacré de l'humanité.*

Sans doute l'instruction, dans un état, est le besoin de tous; mais elle doit être, comme on l'a vu ci-devant, graduée suivant chaque condition; et quoique l'on fasse, il se trouvera toujours bien des gens qui ne seront que très-médiocrement éclairés. Ce qu'il y a de mieux à faire pour eux est donc de leur offrir un code extrêmement simple de vérités utiles et pratiques, une sorte de catéchisme moral (1) qui, appris par cœur dans l'enfance, puisse leur servir de guide le reste de leur vie, et les conduise, par le plus court chemin, à la vertu et au bonheur. La religion peut donc faire partie de ce code; mais alors elle ne devroit guère être qu'un recueil de fêtes consacrées à la nature, à la patrie, à l'amour, à l'amitié, à la reconnoissance, au génie, aux vertus, aux créateurs des sciences et des arts, aux grands hommes, et à tous les vrais bienfaiteurs

(1) On sent qu'un pareil ouvrage très-court, très-clair, très-intelligible, n'auroit rien de commun avec le misérable et volumineux fatras qui, sous le même nom, préside d'ordinaire à la première éducation des jeunes gens qui ont le bonheur de naître chrétiens et catholiques. On a dit une grande vérité en avançant que la religion *s'empare de l'homme tout entier*; mais on eût pu ajouter une chose tout aussi vraie, c'est que *quand l'erreur s'est emparée de l'homme enfant, la raison et la vérité ne peuvent plus trouver place dans l'esprit et le cœur de l'homme fait.*

de l'humanité (1) : elle doit offrir à l'homme un grand et riant tableau où il rencontre sans cesse l'image touchante de tout ce qui peut élever l'ame, épurer et ennoblir le cœur, en ne lui présentant que le spectacle frappant et sensible de tout ce qui peut l'intéresser. Alors cette religion, bien loin d'être en opposition avec le bon sens et la raison (qui doivent être la base primitive de tout bon plan d'éducation et de législation), et un obstacle aux progrès des connoissances et de la civilisation, seroit un acheminement naturel vers ces deux objets, parce qu'elle ne renfermeroit plus rien d'absurde, de contradictoire et d'inintelligible.

Il y auroit ici un problême assez intéressant à résoudre; il consiste à *déterminer jusqu'à quel point une religion peut être utile aux hommes, et quelle doit être, pour chaque pays, cette religion.*

Pour le faire, il faudroit, remontant jusqu'à l'origine de toutes les religions connues, examiner attentivement et avec impartialité ce qu'elles ont fait de mal et de bien aux sociétés humaines qui les ont pratiquées, etc. La solution de ce problême dépend, comme l'on voit, 1°. du raisonnement

---

(1) J'aime les Grecs et les enfans légers de leur imagination; du moins leur folie étoit douce et gaie, leurs fictions aimables autant qu'ingénieuses, et leur mythologie toujours riante quand elle n'étoit pas raisonnable : celle qui presque par-tout a pris sa place, est triste et sombre; et au lieu de cacher de grandes vérités naturelles sous le voile de l'allégorie, elle n'offre guère que de grossiers mystères et de révoltantes absurdités.

direct ou de la connoissance approfondie de l'esprit et du cœur humain ; 2°. elle suppose l'histoire générale des peuples et de leur culte religieux ; elle exige donc un développement qui ne peut évidemment trouver place ici : peut-être reviendrai-je quelque jour là-dessus, et ce problème, ainsi que beaucoup d'autres, pourront (si la durée de ma vie et les occupations de mon état me le permettent) se trouver résolus dans la suite de mes ouvrages philosophiques (1).

Mais comme dans un livre qui a pour but unique l'exposition de la vérité, le développement de la raison et la destruction des erreurs, je ne veux consacrer aucun préjugé dangereux ; je me garderai bien de rien dire ici en faveur d'aucune religion dominante : elles sont toutes mauvaises dès l'instant où elles sont intolérantes et en opposition avec la morale éternelle de la nature, basée sur notre propre organisation ; et tout sage gouvernement ne souffrira jamais que leur police soit indépendante de l'administration générale de l'état dont elle ne doit être qu'une branche : de plus, elles sont toutes évidemment l'ouvrage de l'imagination : elles ont pour fondemens ces deux vieilles suppositions : l'*existence des dieux* et l'*immortalité de l'ame*, qui ont servi de base à tous les fabricateurs des systêmes religieux anciens et modernes. Je ne dirai pas que ce sont-là

---

(1) Voyez le discours du C. Portalis, orateur du Gouvernement au Corps législatif, le 15 germinal an 10.

deux fictions poétiques, erreurs de convention, vieilles idoles que l'apôtre de la vérité veut bien ménager moins par égard pour les ministres du mensonge que par respect pour la tranquillité publique et la sienne propre (il y auroit d'ailleurs de la méchanceté à vouloir enlever aux enfans leurs poupées) : j'observerai seulement que l'unique moyen qu'ait un homme sensé, un être raisonnable, de connoître le vrai Dieu, est d'étudier à fond toutes les branches de l'histoire naturelle et de la physique ; d'apprendre l'astronomie dans Newton et ses successeurs, les mathématiques dans Euler, la physiologie dans Haller, l'anatomie dans Winslow, Sabattier, Vicq-Dazir, etc., la botanique dans Linné et Tournefort, la chimie dans Lavoisier, la vraie métaphysique dans Bacon, Loke, Condillac, etc., la législation, le commerce et la politique dans Montesquieu, Rainal, Smith, etc., et l'ensemble de tous les arts et métiers dans les ateliers, les manufactures et les collections académiques et encyclopédiques, offrant à l'œil et à l'esprit le détail des parties composant les machines, la description des procédés, le calcul des forces, et le tableau des résultats.

Par là, mais par là seulement, on pourra se faire une idée assez juste de l'ensemble des forces agissantes sur l'homme, sur l'espèce humaine, sur le globe terrestre, sur les planètes composant le système du monde, sur l'univers ou l'ensemble des corps célestes, enfin sur la NATURE ou le grand tout résultant de la réunion de tous ces élémens-là.

La Nature, (ou *la somme des corps, plus la somme des forces qui les animent*) (1), voilà donc le dieu du géomètre, de l'astronome, du physicien, etc., et en général de l'homme vraiment instruit (2); il est impossible d'en reconnoître un autre quand on est privé des yeux de la foi; or, n'a pas qui veut, comme on sait, ce sens si utile à une certaine classe d'hommes chez qui les autres organes (sur-tout celui de la raison et de la vérité) sont comme paralysés ou nuls. Quant à toutes ces divinités nées du cerveau ou de la main des hommes, dans tout pays bien policé, les nie qui veut, y croit qui veut. On y doit plaindre mais *tolérer* l'homme qui ne sait pas raisonner, et à plus forte raison souffrir celui qui raisonne; celui-ci finira par éclairer l'autre sans le secours des tortures, des bûchers et de l'inquisition, ou le laissera paisible propriétaire de ses erreurs qui seront à la longue détruites par le tems, le progrès des sciences, et de l'art de penser. On ne peut trop le répéter :

Opinionum commenta delet dies, naturæ judicia confirmat.

L'on sent qu'un tel pays n'est pas tout-à-fait celui

(1) Il y a entre l'univers et la somme des forces agissantes sur lui, une sorte de ressemblance avec le corps de l'homme et les forces dont il est animé; de là sont venues ces expressions : l'*ame du monde*, etc. Voilà ce qui faisoit dire à Virgile :

Mens infusa movet molem et magno se corpore miscet.

(2) Voyez la note page 34, première partie, et le premier chapitre de la troisième.

celui où l'on revêt d'une chemise de soufre, et où l'on brûle en cérémonie l'homme qui se sert de sa tête pour penser, ni celui où un philosophe à genoux demande à ses lâches tyrans pardon d'avoir découvert le mouvement de la terre sur son axe (vérité fondamentale de l'astronomie).

Malgré ma répugnance pour les citations dans un ouvrage du genre de celui-ci, je ne puis résister au plaisir de transcrire ici en entier une fable de notre bon La Fontaine, que mon sujet retrace à ma mémoire : l'on y verra l'excellent philosophe dans l'homme que bien des gens ne regardent que comme un aimable fabuliste.

Le statuaire et la statue de Jupiter.

Un bloc de marbre étoit si beau,
Qu'un statuaire en fit l'emplette ;
Qu'en fera, dit-il, mon ciseau ?
Sera-t-il dieu, table ou cuvette ?...
Il sera dieu, même je veux
Qu'il ait en sa main un tonnerre :
Tremblez humains, faites des vœux,
Voilà le maître de la terre.
L'artisan exprima si bien
Le caractère de l'idole,
Qu'on trouva qu'il ne manquait rien
A Jupiter que la parole.
Même l'on dit que l'ouvrier
Eut à peine achevé l'image,
Qu'on le vit frémir le premier
Et redouter son propre ouvrage.
A la foiblesse du sculpteur
Le *poète* autrefois n'en dût guère,
Des dieux dont il fut l'inventeur
Craignant la haine et la colère.

Il étoit enfant en ceci;
Les enfans n'ont l'ame occupée
Que du continuel souci
Qu'on ne fâche point leur poupée.
Le cœur suit aisément l'esprit;
De cette source est descendue
L'erreur humaine qui se vit
Chez tant de peuples répandue.
Ils embrassoient violemment
Les intérêts de leur chimère :
Pigmalion devint amant
De la statue dont il fut père.
Chacun tourne en réalités
Autant qu'il peut ses propres songes;
L'homme est de glace aux vérités,
Il est de feu pour les mensonges.

On trouve dans cet apologue ingénieux la source et l'explication de la fable des dieux, d'une autre vie, et de l'immortalité de l'ame; fable si ancienne, si rebattue par tous les théologiens, les poètes et les mythologues, et chez tous les peuples enfans, qui, dans tous les tems, ont eu chacun leurs divinités en bois, en pierre, en bronze, etc., ainsi que leur enfer et leur élysée, etc., parce qu'avec les mêmes sens, les mêmes cerveaux, la même imagination, les mêmes passions et les mêmes intérêts, les hommes ont dû toujours et tout naturellement arriver dans le monde imaginaire comme dans le monde réel, à des résultats à-peu-près les mêmes, ce dont on peut aisément se convaincre en lisant l'histoire de l'esprit humain, et particulièrement le grand chapitre : *Des Charlatans et des Dupes.*

Il n'est donc pas question de savoir ici si l'ame est

immortelle, s'il existe dans une autre vie des dieux rémunérateurs des vertus, vengeurs des crimes : tout homme observateur et de bonne foi saura bien vîte à quoi s'en tenir là-dessus : mais on demande si et jusqu'à quel point (dans l'état présent de la civilisation en Europe) ces deux bases fondamentales de toute morale religieuse peuvent être utiles aux gouvernemens et à la grande masse des peuples ? or, je réponds hardiment : oui ; ces sublimes erreurs sont et peuvent être longtems encore utiles aux hommes, et ne cesseront de l'être que dans le cas où la législation et la raison des peuples seront un jour assez perfectionnées pour se contenter du culte de la nature et de la vérité, alors on pourroit, sans danger, briser un ressort devenu inutile ; mais il doit s'écouler encore bien des siècles avant que la raison soit devenue *propriété générale de l'espèce humaine* ; et jusque-là la religion sera en crédit : car elle facilite ou rend moins pénible l'art de gouverner. elle affermit l'autorité des gouvernans ; elle adoucit, pour beaucoup d'hommes, les malheurs inséparables de l'existence : mais pour jouir des faveurs de cette fille du ciel, il faut être doué de beaucoup d'imagination, d'une grande aptitude à croire, et d'une foible disposition à s'instruire et à penser ; or, comme c'est-là l'état habituel de la grande majorité de l'espèce humaine, il ne faut pas s'étonner de la vogue et de l'empire éternel des religions.

Les préjugés sont les rois du vulgaire.

Mais pour n'être point une pomme de discorde,

pour ne pas devenir un instrument dangereux, elles ne doivent être ni dominantes, ni exclusives, mais se neutraliser par la concurrence et l'entière liberté des cultes; leurs ministres choisis et surveillés par les chefs des états doivent être sans aucune influence civile; sinon, au lieu d'aider le mouvement de la machine politique, elles finiront par l'entraver, et ébranleront les trônes au lieu de les affermir.

Quant à ceux qui, prenant un conte pour une vérité évidente et fondamentale en morale, se sentiroient encore disposés à haïr et à persécuter ceux qui n'ont pas le bonheur de penser comme eux sur un point si indifférent pour un honnête homme, je les prie de me permettre d'ajouter en leur faveur ce qui suit:

J'ai démontré que l'ame n'est que le résultat de nos sens, de nos sensations et de nos facultés dont j'ai présenté la génération; elle naît donc avec l'organisation, continue, finit ou s'évanouit avec elle, puisqu'alors il n'y a plus ni sens, ni sensations, ni facultés. Un corps sensible est une combinaison ou produit plus ou moins durable de deux élémens variables liés l'un à l'autre par un artifice qui nous est encore inconnu, naissant en même tems, croissant, diminuant, en un mot, changeant toujours ensemble et l'un par l'autre, à-peu-près comme une fonction mathématique formée de deux quantités variables et dont l'une s'évanouit dès que l'autre est supposée nulle. La seule quantité constante qui paroît entrer dans cette fonction compliquée ce sont les élémens de la matière que l'on conçoit indestructibles.

Je suis fâché que la force du raisonnement conduise à pareille conséquence (car, quel est l'honnête homme qui n'aimeroit pas à être immortel, et à jouir dans une autre vie du bonheur qu'il est si rare et si difficile de se procurer dans celle-ci); mais quand on raisonne et qu'on est de bonne foi, il est impossible de s'y refuser. En effet, puisque c'est la faculté de se mouvoir et celle de recevoir des sensations, etc., qui nous fait donner le nom d'*animaux* ou *corps sensibles* à certaines portions de matière organisée et douée, d'une forme symétrique (1), tandis que nous refusons la sensibilité et les qualités qui en dérivent, à tous les corps qui n'ont ni la forme ni les facultés précitées, et que pour cela il nous plaît de nommer matière brute; il faut bien en conclure, si l'on ne veut pas se contredire, que tous les corps, de l'instant où ils sont privés de cette forme et de ces facultés, cessent d'être sensibles, ou ne sont plus que de la matière brute (2).

---

(1) Voyez pages 65, 143 et suivantes, première partie.

(2) On appelle *naissance* l'instant où (par un de ces phénomènes qui, comme tant d'autres, sont restés jusqu'ici *inexpliqués*, mais ne seront peut-être pas toujours inexplicables) l'organisation et la sensibilité naissent dans certains corps; et *mort*, celui où la sensibilité finit avec l'organisation. La vie réelle, placée entre ces deux époques, est la somme totale des sensations qu'ils reçoivent.

Cet état d'organisation et de sensibilité, que bien des gens ont tant de peine à accorder à la matière, en est pourtant bien évidemment une propriété variable et passagère; c'est même la seule qualité matérielle qui nous soit bien connue; car il nous est impossible de savoir au juste ce qu'étoit avant notre naissance, et ce que deviendra après la mort, la somme des parties matérielles et sensibles dont notre corps est composé. Nous ne connoissons (encore bien imparfaitement) que cet état nommé vie, qui sépare les deux limites de notre existence, et nous ignorons complettement celui qui l'a précédé comme celui qui le suit. — Il est possible que cet être qu'il nous plaît de nommer *matière brute* ne soit jamais totalement dépourvu de *sensibilité*, ou plutôt qu'il possède un genre de sensibilité différente de la nôtre; peut-être enfin la sensibilité (considérée sous le point de vue le plus vaste, et comme une fonction résultante de tous les systêmes possibles d'organisation) est-elle comme l'étendue, la figure et le mouvement, susceptible de variations à l'infini et inséparable de presque tout ce qui existe. Car il faut bien nous rappeler :

1°. Que nous ne connoissons la matière que par nos sensations, et qu'il est ridicule de vouloir la juger autrement que par elles; que ce mot *matière* inventé par nous, comme tant d'autres, sert à désigner la cause productrice de ces mêmes sensations, comme le mot *pesanteur* ou *attraction* est consacré à exprimer la cause productrice du poids des corps et de leur énergie primordiale. Mais est-il bien sûr que cet ensemble de corps, que nous nommons *matière brute, inerte, passive*, etc., parce qu'il ne nous paroît soumis qu'à la simple force de la pesanteur universelle (qui retient tout sous son empire) soit entièrement dépourvu de sensibilité? Cette matière n'est-elle pas dans un état perpétuel de composition et de décomposition, d'enfantement et de destruction; ne renferme-t-elle pas au moins tous les élémens créateurs des machines sensibles, lesquels pour les former et les faire naître n'ont plus besoin que d'être mis en contact, de fermenter et de trouver un lieu ou matrice convenable pour leur développement?

2°. N'oublions pas que le mot d'*animal* est encore un terme de notre façon, qu'il n'y a, à la rigueur, dans la nature ni animaux, ni végétaux, ni minéraux, mais bien une série immense et plus ou moins variée d'individus tous différens les uns des autres par leur organisation comme par le système des forces ou facultés qui en dérivent. Sans doute il existe une grande différence entre certains animaux et les végétaux, mais aussi il est des animaux, comme le polype, qui diffèrent peu du végétal; certains végétaux, comme la sensitive, semblent se rapprocher des animaux; et les uns et les autres ont tous une qualité qui leur est commune, le mouvement de végétation et d'accroissement.

Quoi qu'il en soit, bornés à l'état présent de vie, il est le seul que nous puissions connoître, et sur lequel nous puissions raisonner; nous ne pouvons, sans extravaguer, lui comparer un état antérieur ou postérieur qui nous est inconnu ; nous pouvons seulement conclure que la vie est une de ces formes infiniment multipliées que prend et parcourt la matière dans le cercle éternel de ses variations.

Je crains que quelques personnes ne m'accusent ici d'avoir voulu donner une démonstration de ce qu'elles appellent *matérialisme* (1), mais j'observe

---

(1) Que signifie ce mot *matérialisme* ! Il n'y a évidemment dans l'univers réel que *de la matière et des forces* : ces forces considérées dans les êtres animés prennent le nom de *facultés*, et le système de ces facultés forme ce qu'on a nommé l'*ame* des animaux.

La matière est indestructible et impérissable, mais les forces qui animent chaque corps sont dans un état de variation perpétuelle, et de là l'immense tableau des scènes et des métamorphoses naturelles dans les règnes animal, végétal et minéral ; de là les changemens séculaires de notre globe et de tous les corps célestes ; de là enfin le règne auguste et prodigieusement varié de la nature. — Tout se réduit donc, quoi que l'on fasse, à l'analyse de la matière et de ses forces. On ne peut raisonnablement s'occuper que de cela, et sous ce rapport, tout homme qui observe, étudie, pense et raisonne, est un vrai *matérialiste* : car l'espace ou l'étendue dont s'occupe la géométrie, est moins un être qu'une propriété abstraite de la matière ; et le monde imaginaire n'est formé que des élémens dérobés au monde matériel et combinés par cette force qui, chez nous, s'appelle *imagination*.

Que signifient ces expressions : le *créateur de l'univers*, l'*auteur de la nature* ! La nature a-t-elle un auteur ? N'est-elle pas évidemment le grand tout ! Un cerveau qui n'est point fêlé peut-il concevoir qu'un seul pouce cube de matière quelconque puisse être créé ou anéanti ! Les élémens matériels ne sont-ils pas évidemment éternels, et peut-il y avoir dans l'univers, comme dans chacun des corps, dont l'ensemble le compose, autre chose que de la matière et des forces!

1°. que cette démonstration ne peut avoir rien de dangereux pour les hommes en état de me lire et

---

Le mot NATURE exprime une idée claire, uniforme, la même pour tout le genre humain. Pour l'obtenir, il suffit de sentir, d'avoir des yeux, et de regarder l'univers en action, ou l'amas de tous les corps soumis aux lois éternelles du mouvement. Sur quelque point du globe qu'on soit placé, on s'y sent retenu par une force supérieure; on y est témoin des mouvemens célestes; on y voit les météores s'engendrer, les fleuves couler, l'air s'agiter, les nuages et les orages se former, les végétaux germer et croître, les animaux naître et se mouvoir, etc.; et tous les peuples s'écrient à-la-fois, il est un *dieu*; et alors il est bien clair que ce mot ne signifie, dans toutes les bouches, que la force supérieure, cause inconnue et universelle de tout ce que chacun sent, de tout ce que chacun voit. En s'en tenant là, l'idée primitive attachée à ce mot rentre dans celle de la *nature*; et tout le monde, en observant bien, peut s'en former à-peu-près la même notion.

Mais quand des imaginations contagieuses, des enthousiastes, des ambitieux et des fourbes, après avoir réuni sous ce mot *dieu* un ramas de notions absurdes, d'attributs contradictoires, ont voulu substituer ensuite le produit de leurs cerveaux à l'idée auguste et simple de la nature, alors on a fait signifier tout ce qu'on a voulu à ce redoutable mot, premier fondement du monde imaginaire, base de l'empire des prêtres et la source de leurs immenses richesses: il est devenu le prétexte et l'instrument des haines, des persécutions, des guerres, en un mot des plus grands fléaux et des plus grands crimes; et la plus déplorable frénésie a enlevé à l'espèce humaine plus de 35 millions d'hommes. Voyez dans la Philosophie de la nature, page 343, tome 6, la liste de tous les massacres religieux, avoués et notoires montant à 33,095,290, sans compter tous ceux qui sont restés inconnus. (Terrible argument, selon moi, contre la vogue et l'utilité politique des religions). — Quel service ne rendroit-on donc pas à notre misérable espèce, si on avoit le courage et le bon sens d'effacer dans tous nos dictionnaires, et s'il étoit

pour qui je crois n'avoir rien dit que d'évident, et qu'elle est nulle pour ceux qui ne peuvent ni me lire ni m'entendre ; 2°. qu'un philosophe (c'est-à-dire, un prêtre de la raison) ne peut et ne doit être ni théologien, ni poète, et que dans un livre entièrement consacré à la recherche de la vérité, je n'ai dû épargner les préjugés d'aucun genre ; 3°. que cette opinion a été la façon de penser (*avouée ou tacite*) des plus illustres personnages anciens et modernes, des bons philosophes et de grands écrivains, ce dont on peut se convaincre par l'étude de l'histoire ; 4°. que le dogme de l'immortalité de l'ame ne me

---

possible dans toutes les têtes, ces malheureux termes représentatifs de fantômes, fléaux perturbateurs du genre humain, qui ont donné naissance à cette foule énorme de mauvais livres qui encombrent encore aujourd'hui nos bibliothèques, où l'on ne devroit trouver que l'histoire de la nature et des arts utiles à l'homme.

S'il faut absolument des dieux et des saints à la canaille, à la bonne heure, qu'on lui en donne tant qu'elle voudra, mais du moins qu'on laisse en paix les honnêtes gens qui ont le malheur de penser et de voir le monde tel qu'il est.

O hommes toujours prêts à injurier, à persécuter et à tourmenter vos frères, parce qu'ils ont le malheur d'être un peu moins fourbes, moins fripons, et moins stupides que vous, daignez vous souvenir de grace qu'il n'y a dans les mots que ce qu'on y a mis, et qu'il en est beaucoup qui malheureusement ne signifient rien du tout ! Permettez donc aux honnêtes gens, aux amis des lumières, du bien et de la paix, de définir rigoureusement les termes, afin de prévenir ou de terminer ces disputes et ces guerres qui sont la honte éternelle de l'esprit humain et le fléau de notre espèce, et de travailler en perfectionnant leur langue au perfectionnement de la raison humaine.

paroît pas si utile qu'on le croit (1) aux sociétés humaines, sur-tout à celles qui se flattent d'avoir une constitution basée sur la raison et les lumières; il n'est guère propre qu'à démontrer le singulier pouvoir de l'imagination, la fourberie de certaines gens, et cet immense desir de l'existence et du bonheur qui nous porte à étendre l'un et l'autre jusqu'au moment où nous ne serons plus. Ce dogme peut produire beaucoup d'oisifs, de fainéans, de moines et de fanatiques, mais il ne peut créer de grands hommes dans aucun genre : il tend à détruire les passions ou leur donne une fausse direction; et leur noble énergie, bien dirigée, est la source de tout bien. Il fait mépriser l'étude des arts et des sciences, le soin de son éducation et de ses affaires; il peut faire négliger les devoirs de la société, et les plus importantes fonctions de l'humanité; et cette incurie, ce mépris des choses humaines qui ont fait naître dans tous les tems tant de pieux solitaires, d'anachorètes, de célibataires, et de libertins cloîtrés (c'est-à-dire, beaucoup d'êtres inutiles, dangereux, ou à charge à l'état) ne sont rien moins que propres à faire d'honnêtes citoyens, de bons pères de famille, des hommes instruits et vraiment utiles à leur pays.

L'homme, au contraire, qui voit ou qui croit voir

(1) Il peut même devenir très-dangereux; on sait qu'en certains pays où le fanatisme avoit exalté les têtes, les hommes se sont tués par milliers, pour jouir plutôt de la béatitude céleste. Je doute fort que les gouvernemens de l'Europe, dont la politique doit favoriser la population, voulussent se prêter à cette manie.

clairement que la vie est tout pour lui, mais que l'espace en est par malheur très-borné, redouble d'efforts pour en tirer le meilleur parti possible; loin d'être prodigue du tems, comme un pieux cénobite, il se hâte, il se presse de jouir de ces momens qui lui sont comptés par la nature; il est avare d'un tems qui fuit pour lui sans retour; craignant de mourir tout entier, il brûle et s'efforce sans cesse de laisser à son pays, à la postérité, quelque monument dans les arts, les sciences, la législation et le gouvernement, qui puisse lui mériter cette durée de gloire et de réputation qui est, aux yeux éblouis et enchantés de l'homme de génie, la seule et la vraie immortalité.

CHAPITRE IX.

Analyse des forces dont le concours produit le caractère ou principe général des différences morales des individus et des peuples.

MAINTENANT que j'ai passé en revue les principaux élémens dont l'homme physique et moral se compose, il me sera moins difficile d'assigner les causes primitives de l'inégalité des esprits et des caractères.

Elles peuvent toutes se réduire à deux principales, la différence des organes des sens, et celle des habitudes dont chacun d'eux est susceptible. L'anatomie, quelque perfectionnée qu'elle puisse être, ne peut guère nous montrer que l'ensemble des parties que présente l'homme mort ou privé de mouvement, de sentiment et d'idées. La physiologie et la médecine, aidées de la chimie, de la physique et de toutes les sciences d'observation, ne peuvent faire voir comment de la réunion et de l'action réciproques de tous ces élémens solides et liquides composant le corps d'un animal, il résulte un être sensible et pensant; par conséquent on ne peut dire quelle différence de sensibilité, de passions, d'esprit et de caractère doit correspondre aux petites inégalités qu'on peut appercevoir dans les organes dont le nombre, la qualité, la liaison et le jeu déterminent la construction primitive de tous les animaux, désignée ordinairement par le mot général d'*organisation*. Ainsi donc l'on ne peut se promettre de longtems la solution directe de ce problême : *Jusqu'à quel point les talens, le génie et le caractère sont-ils un don de la nature et un produit de l'éducation.*

L'organisation déterminant *à priori* le nombre des sens, ainsi que les fonctions, l'énergie et la portée de chacun d'eux, fixe aussi dans chaque espèce d'animaux et dans chaque famille, la qualité et l'étendue de sensations, d'idées, de besoins, d'habitudes et de facultés dont elle est susceptible : et de ce mélange d'élémens composant les machines vivantes résulte le caractère primitif de toutes les espèces, celui de l'homme, du lion, du cheval, du tigre, du loup et de la brebis, de l'aigle et de la colombe, en un mot de tous les êtres formant les grandes classes de quadrupèdes, d'oiseaux, de poissons, etc., dont se compose *le règne animal*. La nature a imprimé à chacune d'elles un type ou caractère ineffaçable transmis de génération en génération et de race en race. Rien de plus vrai que ce que dit Horace à ce sujet :

Fortes creantur fortibus, et bonis
Est in juvenis, est in equis patrum
Virtus, nec imbellem feroces
Progenerant aquilæ columbam.

Tous les corps, et sur-tout les corps sensibles et vivans, sont soumis à l'influence continuelle d'une double action, 1°. celle du tissu de leurs élémens ou du mécanisme de leurs organes ; 2°. celle de l'univers extérieur. De là chez les animaux deux grandes classes d'habitudes et de facultés, les unes que j'appelle *instinctives* (1) sont toutes entières l'ouvrage de la nature, et la volonté de l'individu n'y a aucune part : elles sont le produit de cette chaîne de mouvemens cachés, d'opérations et de procédés invisibles par lesquels la force organisatrice fait naître et conserve la sensibilité et la vie : les autres résultent de l'exercice volontaire de toutes les parties du corps, et du système général de sensations qu'enfante ce commerce journalier qu'entretient un

(1) Voyez première partie, pages 43, 57, etc.

animal éveillé avec tous les objets qui l'environnent : celles-ci ont pour base l'observation et la pratique ; elles laissent une assez grande latitude à l'action libre et au choix raisonné de l'individu, à sa faculté d'imitation, et peuvent être, jusqu'à un certain point, son ouvrage, en même tems qu'elles sont toujours plus ou moins celui de la nature.

Les animaux doués d'un plus grand nombre de sens, et chez qui chacun de ceux-ci est plus mobile, plus étendu, capable de plus d'impressions, et d'impressions plus vives et plus nettes, sont les plus sensibles et les plus intelligens ; et ils prennent un caractère distinctif et dominant en raison du sens qui chez eux domine. C'est ainsi que pour l'odorat le chien est le premier des animaux, l'homme pour le tact et le cerveau, l'oiseau de proie pour la vue, l'aigle et le lion pour la force musculaire. — Mais tous les sens ne sont pas de la même importance : le cerveau ou l'*organe central* est le premier de tous ; il a par lui-même une activité propre qui agit puissamment sur toutes les parties de la machine sur laquelle il exerce (dans l'état de maladie ou de santé) un empire continuel : mais comme presque toutes ses sensations (*les idées*) ne sont que la réunion de celles que lui transmettent les organes extérieurs, et ses habitudes en grande partie le produit nécessaire des habitudes de ceux-ci, l'on voit combien la formation de ces dernières doit influer sur les facultés principales du centre cérébral consistant à recevoir, conserver ou retracer, et combiner toutes les sensations isolées qu'ils lui transmettent. Au surplus, leur influence est réciproque ; si les sens extérieurs ne reçoivent que peu de sensations, d'une manière foible, peu vive, peu distincte, le cerveau, quelque bien disposé qu'il soit, ne peut avoir beaucoup d'activité, et par suite la mémoire, l'intelligence, l'imagination doivent être foibles. Si, au contraire, quelqu'énergiques que soient les premiers, le cerveau est mal conformé pour recevoir, retenir et combiner leurs impressions, la force pensante, produit de ces trois facultés, est presque nulle, parce que cette communication des sens extérieurs et du cerveau qui doit être facile, active et continuelle, se trouve alors comme interceptée (1).

Nous avons vu (première partie) que parmi les sens extérieurs, le tact, dont la main est l'organe principal, est celui qui reçoit le plus de sensations d'une façon plus nette et plus constante, parce qu'il agit la nuit comme le jour, avantage que

(1) On pourroit comparer le cerveau à un corps sonore ; les objets extérieurs et les sens aux touches, aux cordes et à l'archet qui servent à le faire résonner. Si la composition du corps sonore est mauvaise, on ne peut, quelle que soit la bonté des cordes et le jeu de l'archet, en tirer que des sons aigres, faux et désagréables : si, au contraire, la disposition des touches est vicieuse ; si les cordes sont de mauvaise qualité, l'instrument, quelque bien disposé qu'il soit, ne rend que des sons durs et discordans ; enfin le jeu de l'archet doit répondre à la disposition du corps sonore et des cordes. Un cerveau bien organisé ressemble donc à un bon instrument bien accordé, et dont on joue bien.

l'œil

l'œil n'a pas : c'est d'ailleurs à lui que le sens de la vue (cette espèce de tact universel) doit sa promptitude, sa sûreté et les autres avantages dont il nous fait jouir, puisque c'est lui qui lui a appris à juger des formes et des distances, et qui journellement le vérifie, prévient ou corrige ses erreurs. Ainsi, toutes choses égales d'ailleurs, les animaux le mieux partagés pour le sens du tact, et doués d'organes flexibles et mobiles qu'ils peuvent appliquer à volonté sur toutes sortes de corps, sont ceux qui ont le plus d'aptitude à l'esprit lorsque le cerveau chez eux est également bien disposé. Voilà pourquoi l'homme, pour l'intelligence, est le premier des animaux, parce qu'il joint à une tête bien organisée des bras, des mains, des doigts, etc., c'est-à-dire, un système d'organes qui joignent à beaucoup de sensibilité, la justesse et la flexibilité la plus grande. Voilà pourquoi l'éléphant, qui au premier coup-d'œil ne présente qu'une masse informe, occupe après l'homme une place distinguée pour l'intelligence. Sa trompe, instrument très-souple, très-fort et très-délicat, espèce de sens triple avec lequel il peut toucher, soulever, pincer, odorer toutes sortes de corps, lui tient en quelque sorte lieu de bras, de main et de nez. Quant au singe, dont l'esprit ne paroît pas répondre à la souplesse de ses organes fort ressemblans à ceux de l'homme, il paroît que chez lui la disposition du cerveau ne répond pas non plus à cette aptitude extérieure : son extrême vivacité qui tient presque de la folie (car il est une classe de fous assez semblable aux singes) paroît nuire chez lui au raisonnement : d'ailleurs privé de la faculté d'articuler des sons, il manque de signes pour exprimer ses idées, et nous avons vu ci-devant quelle étoit leur influence sur la formation de celles-ci. Il n'est donc pas étonnant qu'il soit pour l'intelligence au-dessous des hommes les plus sauvages, qui tous ont un commencement de langage, quoiqu'il leur ressemble beaucoup par la forme extérieure.

Il est inutile, je pense, de m'étendre davantage pour démontrer l'influence de l'organisation sur la formation des facultés intellectuelles et morales dans les différentes espèces d'animaux. Il en est à cet égard des productions de la nature comme de celles de l'art ; leurs qualités, leurs forces ou facultés sont le résultat nécessaire de leur conformation ; et de même que la propriété de marquer les divisions du jour en heures, minutes, etc., résulte de la construction particulière d'une montre ou d'une horloge ; celle de soulever l'eau et les autres liquides jusqu'à une certaine hauteur, de la construction d'une pompe ; comme la faculté d'exécuter sur les fleuves et la mer toutes sortes de mouvemens et d'évolutions est subordonnée à la diverse construction des bâtimens et embarcations de toute espèce destinés à la navigation ; comme, en un mot, chacun de nos outils, de nos machines est propre à tel usage, à telle destination, d'après la matière et la manière dont ils sont faits : de même aussi les sens, les sensations, les besoins, les facultés et le caractère sont, dans chaque espèce d'animaux, le résultat de l'organisation ou *construction animale*. Chez eux les différences morales doivent donc être d'autant plus grandes ou plus petites, que l'organisation est elle-même plus ou moins différente.

Il suit de là que les individus de la même espèce (ou de la même famille naturelle), dont l'organisation est sensiblement la même, doivent avoir aussi à-peu-près les mêmes besoins, les mêmes idées, les mêmes facultés, et c'est ce que l'expérience confirme assez. Pourquoi donc cette conséquence générale ne seroit-elle pas applicable à l'homme? Elle doit l'être, sans doute, au moins jusqu'à un certain point; car nous venons de voir que les différences morales, si sensibles dans le passage d'une espèce à une autre, vu le changement assez brusque qui a lieu dans l'organisation, sont presque nulles dans les individus d'une même classe, sur-tout dans ceux qui habitent les mêmes climats. Concluons donc de là que tous les hommes habitans le même point du globe sont, ainsi que toutes les autres productions naturelles qui les environnent ou dont ils se nourrissent, fort semblables par l'organisation et à-peu-près susceptibles des mêmes habitudes. Il est vrai que le *climat* que déterminent le degré de latitude, la nature du sol et la constitution de l'atmosphère, ou la qualité de l'air, des eaux et des alimens, la durée du jour, la quantité de chaleur et de lumière, la situation respective des objets environnans, en un mot cet ensemble de causes locales qui ne cessent d'agir, devient, pour ainsi dire, une seconde force organisatrice dont l'influence, sur-tout à la longue, ne peut manquer de devenir très-sensible. Ainsi quand on dit que les hommes se ressemblent tous à-peu-près originairement, il ne faut parler que des habitans d'un même pays ou d'une portion peu étendue de la surface du globe (comme la France, l'Angleterre, l'Italie, etc.) : encore existe-t-il dans cette masse d'hommes répandus sur un même terrein (quand il est fort étendu) des différences individuelles et départementales en assez grand nombre; mais on peut assurer qu'elles sont peu considérables, qu'une législation commune peut les faire disparoître, et que la masse des peuples est *à priori* composée d'élémens très-semblables. C'est donc dans une troisième cause, ou dans la formation des habitudes, qu'il faut chercher la source principale des différences individuelles et nationales.

Nous avons vu ci-devant que le système de nos habitudes peut se réduire à ces trois grandes classes, celles du corps, celles de l'esprit, celles du cœur, dont l'ensemble détermine le caractère. Chacune se contracte par la répétition des mouvemens intérieurs et extérieurs; le contact et l'action des objets environnans sur nos organes, joints au jeu fondamental de la respiration, de la circulation du sang, etc., sont la première cause de tous ces mouvemens, dont chacun produit en nous une sensation, une idée ou un sentiment variables, suivant l'organe ou la partie du corps qui les reçoit. Ainsi donc par suite de notre organisation et de l'action des objets environnans, qui ne dépendent point ou ne dépendent d'abord que fort peu de nous, nous recevons avec le système naissant de nos sensations en tout genre, le germe de toutes nos habitudes : et c'est ainsi que la nature fait les premiers frais de notre éducation ; chaque sensation qu'elle nous donne est une de ses leçons, et peut devenir le principe d'un besoin ou d'une habitude ; pour les faire naître, il suffit qu'elle se répète un certain nombre de fois.

Tous les animaux reçoivent donc l'éducation naturelle de leurs propres sensations ; ils distinguent et reconnoissent les objets qui les produisent ; ils se portent vers ceux qui leur en procurent d'agréables, et fuient les autres ; comme nous, en un mot, ils s'aiment, et par conséquent s'accoutument bien vîte à aimer et à rechercher le bien-être et le plaisir, comme à fuir la douleur et le mal-être : et ce premier fond de connoissances, de desirs et de besoins est d'autant plus étendu, que le nombre de leurs sens est plus grand, et chacun d'eux plus parfait ou susceptible de recevoir plus d'impressions bien distinctes. Voilà pourquoi l'homme est dans la grande famille des êtres sensibles, celui qui a naturellement le plus d'habitudes, qui est susceptible d'en recevoir un plus grand nombre, et qui peut mieux les perfectionner, les varier et les étendre. Les autres animaux vivant pour la plupart moins longtems, bornés au soin de se nourrir, de se conserver et de se reproduire, trouvant autour d'eux presque tout ce qu'il faut pour cela, ayant reçu de la nature des armes pour attaquer ou se défendre, enfin une conformation, un genre et un degré de force proportionné à l'élément qu'ils habitent, à l'espèce, à la fréquence, à l'étendue ou la continuité des mouvemens qui leur sont nécessaires pour se procurer la nourriture et veiller à leur conservation, n'ont qu'un petit nombre d'habitudes proportionné à celui de leurs besoins. Comme ils font peu de chose et souvent les mêmes choses, ils ont bientôt appris de la nature tout ce qu'il leur importe de savoir, et ils l'exécutent d'autant plus sûrement, plus promptement, que le système de leurs actions et de leurs habitudes est plus borné : mais quelque foible que soit cette portion de connoissances et de facultés morales résultant de l'éducation naturelle, elle s'acquiert évidemment de la même manière dans toutes les classes d'animaux. C'est le premier degré, le premier élément de l'intelligence et de la raison. Permis à qui voudra de l'appeller *instinct*.

Alors l'instinct seroit le produit de la double force intérieure et extérieure continuellement agissante sur les corps vivans, par une suite nécessaire de leur organisation et de leur situation ; mais comme la forme et la qualité des sens extérieurs, ainsi que le genre d'action des objets sur eux dépendent beaucoup de la construction et du jeu des parties intérieures de la machine sensible, on peut restreindre le sens de ce mot aux déterminations primitives qui en résultent nécessairement, et auxquelles la volonté réfléchie de l'animal ne sauroit avoir aucune part. Tant qu'il est ainsi maîtrisé dans ses mouvemens par une force supérieure et l'énergie de sa propre nature, on dit qu'il agit par *instinct ;* mais du moment où il acquiert le pouvoir d'observer et de distinguer ce qu'elle lui fait faire, et de répéter ou d'imiter volontairement ce qu'il faisoit d'abord forcément, alors il commence à agir sur lui-même, et voilà une nouvelle force qui se joint aux deux puissances précitées. Il n'avoit d'abord que des habitudes instinctives ; ses sensations dépendoient de ses besoins primitifs, des lieux, des circonstances ; maintenant il contracte, par le pouvoir de l'imitation, une foule d'habitudes artificielles, et il sait se créer à lui-même une multitude de sensations neuves par un nouvel arrangement des objets naturels et la combinaison variée des idées primitives. Il compare, il juge, il raisonne, il choisit, il préfère : il jouit à-la-fois des connoissances qu'il acquiert par la réflexion, et de celles qu'il doit aux observations de tous ses semblables, enfin il devient ce qu'on appelle *un animal raisonnable*. On voit que la raison a sa première racine dans l'instinct, puisque ce n'est qu'avec la faculté de distinguer ses sensations, de copier, de retenir, de répéter et de combiner ces premières leçons de la nature, que son premier germe commence à paroître.

Il y a donc autant d'espèces de *raison* que de systêmes différens d'organisation ; chaque famille d'animaux a la sienne comme la grande famille humaine, et l'*intelligence* déja si diversifiée sur notre globe n'est encore qu'une des formes infiniment variées, sous lesquelles elle se manifeste sans doute dans la sphère immense des corps célestes, dont notre planète n'est qu'un bien petit *échantillon*.

L'organisation, le climat natal, les alimens, le tempérament, la durée de la vie, le travail (ou l'emploi journalier du tems), le régime, l'état de santé et de maladie, de liberté ou d'esclavage, etc., telles sont les causes générales et universelles qui par-tout déterminent la forme physique et morale, ou le caractère de l'homme et des animaux. Donc 1°. les individus des mêmes familles (1) doivent être les plus ressemblans à tous égards, puisque leur organisation, d'où dépend le nombre et l'énergie de leurs sens, et par suite la nature de leurs besoins, de leurs idées et de leurs facultés, approche plus d'être la même; (ainsi, par exemple, un homme, quelque part qu'on le prenne sur le globe, ressemble plus à un autre homme qu'à tout autre animal, malgré l'extrême variété qui distingue l'Africain, l'Asiatique, l'Européen et l'Américain, le Nègre, le Hottentot, le Lapon, le Patagon, l'Albinos, le Nain et le Géant) : ce sont aussi les plus propres à vivre en société, parce qu'ayant les mêmes organes, la même manière de sentir, ils expriment de même leurs besoins, ou ont le même langage d'ac-

(1) Sous ce mot *famille* je comprends tous les individus construits de la même manière et susceptibles de se perpétuer par la génération.

tion, au moyen duquel ils peuvent s'entendre entre eux. C'est ainsi que l'espèce humaine ne forme qu'une grande société répandue par tout le globe ; mais que la barrière naturelle des mers, des hautes montagnes et des grands fleuves, les différences du climat, du langage, etc., divisent naturellement en un certain nombre de tourbillons, dont chacun forme une nation ou peuple séparé.

2°. Par la même raison, les individus des familles les plus voisines ont entre eux plus de ressemblances morales, un fond de sensibilité plus commun que les familles plus éloignées, et sont encore, quoique dans un degré moindre que les premiers, susceptibles de former société ; et cette sympathie, fondée sur une communauté ou une similitude d'organes, subsiste encore dans un assez haut degré entre l'homme, le chien, le cheval, l'éléphant, etc. ; entre les animaux domestiques habitués à vivre ensemble, et tous ceux qui, pouvant recevoir l'éducation de l'homme, ont aussi plus ou moins de rapport avec lui.

3°. Ceux dont l'organisation diffère le plus, offrent les plus grandes différences primitives dans le système de leurs sensations, de leurs habitudes, et de leurs facultés intellectuelles et morales. Leurs organes, leur manière de manifester leurs besoins et de les satisfaire, leur langage d'action n'ayant que très-peu ou point de rapport, ils ignorent ce qu'il y a de commun dans leurs sensations, ils ne s'entendent point, et ne sympathisent point ; car cette sympathie, qui semble au premier coup-d'œil devoir embrasser toute la nature vivante et sensible, va toujours en s'affoiblissant avec les divers degrés de l'organisation.

4°. La différence des lieux qu'ils habitent faisant varier avec l'action générale des objets environnans le système des sensations, des idées, des desirs et des habitudes, les animaux voyageurs doivent être plus instruits et plus différens entre eux que ceux qui habitent constamment les mêmes lieux, parce que la variété des sensations devient en eux une nouvelle source de besoins et de connoissances ; ce qui ne sauroit avoir lieu pour les animaux casaniers, dont les organes soumis à l'action continuelle des mêmes objets, doivent nécessairement éprouver le même système de sensations, d'autant plus borné que celui des objets environnans l'est lui-même, et de là la grande différence des animaux sauvages et des animaux domestiques, quoique de la même espèce.

Le cerveau ressemble à une glace qui reçoit et réfléchit fidèlement tout ce qui l'environne : la pensée prend, en quelque sorte, la couleur et la teinte des objets extérieurs, et reçoit autant de formes que le corps sensible occupe de positions différentes : au milieu des forêts, des rochers, des précipices, des monts volcaniques, sur les bords orageux des mers, sur la cîme glacée des hautes montagnes, elle est triste, sombre, et grande comme la nature en désordre et en silence ; elle est riante et paisible au sein des campagnes fertiles, et mobile, tumultueuse, etc., dans les grandes cités ; dans les palais, dans nos jardins et nos promenades publiques, dans les lieux de plaisance embellis par l'art, elle devient comme eux compassée, symétrique et régulière : au milieu des mers elle est uniforme comme la surface que présente en tous sens le ciel et l'eau; en un mot, elle semble augmenter ou diminuer avec le système des objets producteurs de nos sensations sur lesquels elle se moule.

5°. On connoît assez les effets produits par la qualité des alimens et des boissons sur les individus et sur les peuples entiers. Ceux qui se nourrissent de viande et de poisson diffèrent, pour le physique et le moral, de ceux qui ne vivent que de laitage, de fruits et de légumes. L'usage habituel du vin, des liqueurs fermentées ou spiritueuses, du thé, du café, de l'opium, etc., ne peut manquer d'influer à la longue sur les affections morales comme sur les facultés intellectuelles, et tend à établir une ligne de démarcation entre les individus et les peuples asservis à ces usages et ceux qui ne boivent que de l'eau. Au reste le commerce, en faisant circuler par tout le globe les productions de tous les climats, et rendant par-tout le régime plus uniforme, affoiblit de jour en jour l'influence de cette cause.

6°. Quelle différence d'humeur, d'esprit et de caractère dans le même homme, suivant qu'il jouit d'une bonne ou d'une mauvaise santé, qu'il fait bien ou mal ses affaires, qu'il est content ou mécontent, enfin qu'il digère bien ou mal; car ce n'est pas sans raison qu'un poète philosophe a dit :

L'estomac fort souvent gouverne la cervelle.

Quand toutes les fonctions vitales s'exécutent avec l'aisance, la promptitude et la régularité convenables, l'animal jouit d'un état de force, de légèreté, d'alacrité et de bien-être, d'où résultent l'éclat brillant de l'intelligence, la vivacité de l'esprit, la gaîté et l'amabilité du caractère : dans le cas contraire, il souffre, il est morose, inquiet, brusque, emporté, maussade; il se replie tristement sur lui-même et se repaît d'images sombres et funestes; l'organe direct de la pensée et de la volonté (le cerveau) perd en partie la faculté de donner son attention, d'analyser et de combiner les idées. — Qui ne sait que l'intelligence, la mémoire et l'imagination varient étonnamment, suivant que l'énergie des forces sensitives et musculaires augmente ou diminue? Qui n'a pas éprouvé cent fois l'effet que produit sur toute la machine l'état du cerveau, l'idée d'un bel objet, l'attente du plaisir, la perspective d'un avenir flatteur, le brillant fantôme de la gloire, et les illusions de l'espérance? Qui ne sait qu'une bonne ou une mauvaise nouvelle peut tuer un homme? En pareil cas, l'un meurt de joie, et l'autre de chagrin ou d'indigestion.

Ainsi donc l'organe central ou cérébral reçoit sans cesse l'action de tous les organes partiels (extérieurs et intérieurs) qui communiquent avec lui par les ramifications du système nerveux, et réagit sans cesse par sa propre énergie sur chacun d'eux; c'est cette action et cette réaction perpétuelle du cerveau, des organes fondamentaux et de toutes les parties de notre machine, et l'influence continuelle de son état sur celui des facultés que l'on a bien ou mal nommées *influence du physique sur le moral et du moral sur le physique.*

7°. L'état de liberté et d'esclavage cause une notable différence dans l'homme et toutes les classes d'animaux. Le premier état produit dans toutes les espèces le plus heureux développement de leurs facultés, et le second la dégradation la plus entière et l'abrutissement le plus déplorable. L'état passé et présent de l'espèce humaine, et l'histoire naturelle de la plupart des êtres vivans, offrent dans une multitude de faits la démonstration de cette double vérité. (Voyez l'histoire du despotisme et du monachisme, et celle des bons gouvernemens).

8°. La place qu'on occupe dans la société, l'état ou la profession qu'on exerce, contribuent puissamment à la forme morale de l'homme; de là le caractère du berger, du pêcheur, du chasseur, du cultivateur, de l'artisan, de l'artiste, du soldat, du marin, du marchand, de l'homme de lettres, du philosophe, du ministre et du roi. Il est des métiers mal sains, comme celui du mineur, du plombier, etc.; d'autres, comme celui de boucher, etc., qui entretiennent dans celui qui les exerce des sentimens bas ou cruels; la ruse et la friponnerie semblent être attachées à la classe des valets et des soubrettes; enfin la noblesse ou la bassesse du caractère, ainsi que la grandeur ou la petitesse des idées et des vues, tiennent beaucoup à la nature et à l'inégalité des conditions; et la naissance, le rang, la fortune, les préjugés, l'esprit de corps, etc., en se mêlant au faisceau général des passions et des habitudes, y produisent une très-grande diversité.

9°. Enfin la durée totale de la vie, et l'âge actuel de l'individu, sont de nouvelles causes de différence dans le système des facultés morales; car l'expérience augmente avec les années, et les habitudes journalières de chaque sens deviennent d'autant plus sûres, plus faciles et plus parfaites, que les actes qui leur donnent naissance ont pu ou peuvent se multiplier davantage. Ainsi parmi les animaux d'une même espèce, habitans des mêmes lieux, les plus vieux (je les suppose ici dans un âge avancé, mais où ils conservent encore la vigueur des organes) sont les plus rusés, les plus industrieux, témoins les vieux castors, les vieux renards, les vieux loups, etc., parce qu'ayant vécu plus longtems, ils ont reçu durant le cours de leur vie une plus grande quantité de sensations (ou leçons naturelles) : on connoît d'ailleurs la supériorité des vieux courtisans, des vieux diplomates dans la science du monde et des affaires.

10°. Toutes les causes précitées, en agissant et se combinant de mille manières, concourent à former dans chaque espèce vivante le système des facultés intellectuelles et morales; mais comme chacune d'elles se trouve divisée en deux grandes moitiés par la différence naturelle du *sexe*, il s'ensuit que l'on ne peut bien évaluer leur action sans la considérer séparément sur les mâles et sur les femelles, et dans notre espèce sur l'homme et sur la femme, dont le physique et le moral varient sur-tout à raison des organes génitaux qui, par leur conformation et leur destination, influent sur la qualité et la forme du corps, sur la sensibilité, sur l'ensemble des fonctions vitales, et par suite sur les idées, les penchans, les habitudes et le caractère. . . . .

Ce fond primitif de sensations et d'habitudes instinctives, qui sont l'ouvrage immédiat de la nature, appartient à l'homme civilisé comme au sauvage et aux animaux ; et malgré le peu d'attention qu'on y fait, il n'en forme pas moins une partie essentielle de son éducation ; et d'ordinaire on ne raisonne si mal sur cet objet que parce qu'on néglige cette quantité si intéressante dans le calcul. On oublie trop souvent que la nature ou nos premières sensations sont notre premier maître. Nous recevons avec l'organisation des sens ou des *instrumens à sensation* plus ou moins parfaits, et nous naissons, pour ainsi dire, avec une simple tendance plus ou moins forte vers telles passions, tels talens, tel caractère ; c'est-là, si l'on veut, un premier germe d'habitudes ; mais ce germe et cette tendance, très foibles dans l'origine, peuvent être ensuite secondés et développés, contrariés ou détruits par l'instruction méthodique et artificielle qui préside en grand à la formation de presque toutes nos habitudes. . . . .

J'ai démontré ci-devant que l'éducation prise dans son sens le plus vrai et le plus étendu, se compose de celle que nous recevons 1°. de la nature et des choses ; 2°. des hommes ; 3°. de nous mêmes : et qu'elle dépend en conséquence du point que l'on occupe sur le globe, des lieux où l'on est né, où l'on passe sa vie, du mérite des hommes chargés de développer en nous le corps, l'esprit, et le cœur; de la forme du gouvernement sous lequel on vit, de la place qu'on occupe dans l'ordre social, de nos sociétés, de nos amis, de nos maîtresses, de nos relations quelconques, de nos voyages, de nos lectures, de la méthode qui nous guide dans l'art avec lequel nous formons et dirigeons nos facultés, de l'emploi que nous faisons de notre tems, en un mot *de la somme totale de nos sensations durant le cours entier de la vie*; car il est évident que l'ensemble de toutes ces causes concourt à former notre expérience, notre instruction, notre caractère. — Les élémens de l'éducation *considérée comme une force agissante sur nous depuis la naissance jusqu'à la mort*, sont, comme l'on voit, très-compliqués; et la prodigieuse variété avec laquelle ils se combinent pendant toute la vie, fait que l'éducation de deux individus ne peut presque jamais être la même, quelque soin que l'on apporte à leur donner les mêmes maîtres, à leur faire lire les mêmes livres, habiter les mêmes lieux, à les faire voyager dans les mêmes pays; à les soumettre aux mêmes exercices, à la même nourriture, en un mot au même régime physique et moral: cette uniformité, comme je l'ai fait voir, n'est jamais parfaite, et ne peut avoir qu'un tems: il restera toujours cette première éducation finie, la principale et la plus considérable portion de l'existence, dont chacun fait un usage

usage libre et différent. Placé dans des positions nouvelles, soumis à l'impulsion de nouveaux objets, de nouveaux intérêts, l'on éprouve alors de nouveaux besoins, de nouvelles passions, d'où naissent de nouvelles habitudes et un nouveau plan de conduite. L'enchaînement d'une foule de circonstances imprévues ou impossibles à prévoir, modifie de mille manières l'ouvrage de la première éducation artificielle, qui souvent se trouve détruite ou perfectionnée par celle qui la suit, comme l'organisation elle-même avoit été modifiée par l'éducation naturelle, par celle qui avoit précédé l'ouvrage des hommes : car les enfans abandonnés à eux-mêmes jusqu'au tems où commencent leurs études proprement dites, s'instruisent en jouant avec les objets naturels qui leur tombent sous les yeux ou la main ; et lorsqu'on s'imagine qu'ils ne savent encore rien, parce qu'on ne leur a rien appris, on se trompe ; ils ont déja pris d'eux-mêmes les premiers élémens de leurs connoissances et de leurs habitudes. La nature, au moyen des sensations qu'elle leur a données, est le maître qui leur a déja fait faire un petit cours de physique expérimentale ; et c'est en partie de ces premières expériences que souvent ils font sans nous et même malgré nous, que dépendent les premiers développemens de leurs goûts, de leurs talens, de leurs passions et de leur caractère.

Quoi que l'on fasse, l'homme sera donc toujours, jusqu'à un certain point, l'élève et le produit du *hasard* (j'entends par ce mot l'ensemble des leçons naturelles et l'enchaînement des causes dont on ne peut ni prévoir l'action, ni empêcher ou diriger l'influence) ; et c'est à lui qu'il devra par fois ses plus belles idées, ses projets les plus hardis, ses conceptions les plus heureuses, en un mot, ses succès, sa fortune et sa gloire, et souvent aussi ses chagrins, ses revers, ses malheurs.

Mais il ne faut pas non plus outrer les choses ; ce hasard qui a pu donner aux hommes les premières leçons dans l'histoire naturelle, les arts et métiers, la physique et les beaux arts, parce qu'en leur offrant certains objets et certains faits, il leur montroit aussi comment on peut les imiter, les répéter, etc. (car l'homme est d'abord réduit à être le singe de la nature avant d'en devenir le maître par son génie) ; ce hasard qui produit quelquefois des effets assez singuliers, sur-tout dans les premiers âges de la vie, où une sensibilité vive nous fait trop souvent céder à la première impulsion des sens et de l'imagination ; ce hasard qui souvent fait naître nos penchans, préside à nos déterminations, au choix d'un état, d'une femme, d'une maîtresse, d'un ami, peut influer beaucoup sur notre conduite et sur ses résultats en bien ou en mal ; mais il influe bien moins sur la force de la tête et l'étendue des lumières, et sous ce rapport il ne me semble pas avoir, à beaucoup près, autant d'influence qu'un écrivain distingué (1) lui en a donné.

---

(1) Helvétius.

En effet les connoissances et les talens ne s'acquièrent que par de grands efforts d'attention, par une application longue et sans interruption, par l'usage journalier d'une excellente méthode d'instruction, par un sage emploi du tems, etc. Les habitudes ainsi formées d'après les meilleurs principes, donnent, comme je l'ai fait voir, au corps, à l'esprit et au cœur toute l'énergie en bien que l'on en puisse attendre; alors la raison et la prudence, fruit précieux de l'art avec lequel on a formé les facultés intellectuelles et morales, deviennent pour nous des flambeaux qui dirigent tous nos pas dans le chemin de la vie; ce sont des forces qui, nous aidant à combattre avec succès les événemens imprévus, ou à les prévoir, à les déterminer nous-mêmes avec adresse, nous font maîtriser le hasard en nous rendant, en quelque sorte, les créateurs de nos propres destinées : car le hasard est une force capricieuse, qui n'agit que par intervalles et à des époques souvent très-éloignées, tandis que la raison, l'intelligence et les bonnes habitudes une fois formées, agissent constamment sur nous, sont les régulateurs de nos démarches, veillent à notre conservation, à l'amélioration de notre existence, et à l'accroissement de notre fortune et de nos connoissances. Avec elles l'homme, au milieu des orages de la vie, ressemble au vaisseau qui, à l'aide de ses agrès, de ses voiles et de son gouvernail, traverse hardiment une mer agitée, remplie de courans et d'écueils, parce qu'il peut, avec leur secours, virer de bord ou louvoyer avec adresse, enfin s'imprimer à tems les divers mouvemens qui peuvent le sauver des dangers : mais si par malheur il vient à être dégréé, s'il perd ses voiles et son gouvernail, il devient le jouet des flots, est entraîné par le courant, et bientôt brisé contre les bancs ou les rochers. — C'est donc un grand bonheur de pouvoir mettre à profit, dans le cours orageux de l'existence, l'expérience, les fautes et les malheurs de nos pères, ainsi que l'exemple et les avis de tous ceux qui nous ont précédés dans la carrière. Il faut les regarder comme des navigateurs qui ont été pour nous à la découverte, et dont ceux qui ont pu échapper au naufrage ont consigné dans le journal ou registre de leurs observations non-seulement les moyens de l'éviter, mais encore celui de faire, de la manière la plus sûre et la plus agréable, le voyage de la vie. Ils nous ont laissé un gouvernail et une boussole, c'est à nous de savoir nous en servir.

L'on voit donc que si l'on ne peut pas détruire entièrement l'empire du hasard, on peut du moins le retrécir beaucoup, et d'autant plus qu'on sera plus instruit et mieux élevé. Le hasard loin d'être, comme on l'a dit, le père du génie, peut tout au plus nous fournir l'occasion de développer et d'appliquer, chacun d'une façon différente, suivant les circonstances où l'on se trouve placé, l'esprit et le génie que l'on a. Mais il ne donne ni l'un ni l'autre. Il peut (comme la chute d'une pomme sur la tête de Newton) faire naître des idées neuves ou soupçonner des vérités ; mais il ne donne pas la force de tête nécessaire pour les analyser, les démontrer, et en détailler toutes les conséquences. Ces avantages-là sont dus à l'aptitude que l'on a pour soutenir longtems la fatigue de l'attention et de l'étude, à l'art avec lequel on sait conduire son esprit et manier ses facultés, en un mot il résulte d'une organisation plus ou moins heureuse, et plus ou moins bien secondée par la bonté des méthodes et le pouvoir de l'éducation, mère de presque toutes nos habitudes.

CHAPITRE X.

Continuation du précédent. Puissance de l'habitude.

Que ne peut point en bien ou en mal la force de l'habitude ! C'est elle qui, agissant sur nous dès nos plus jeunes ans, devient, à notre insu, notre premier maître, et nous fait faire une foule de choses, nous donne des idées et des facultés que par la suite nous sommes portés à regarder comme naturelles ou *innées*, parce que leur acquisition date d'un tems trop éloigné, où nous ne pouvons encore nous observer, et sur lequel la mémoire et la réflexion n'ont plus de prise. Croirions-nous que nous avons appris à marcher sans l'exemple continuel des enfans que nous avons sous les yeux ?

C'est elle qui préside dans chaque pays, sous le

nom de *coutume*, à la manière de se nourrir, de se loger, de s'habiller, de s'armer, de saluer, de danser, d'écrire, de parler, de penser et d'agir : et la mode en tout genre n'est qu'une habitude plus ou moins générale et durable. C'est elle qui, dans chaque partie des arts mécaniques et des sciences, fait adopter de préférence certains procédés, certaines méthodes, dont l'ensemble forme la pratique et souvent la *routine* des individus, des compagnies ou corps, des gouvernemens et des nations, dont elle détermine ainsi les principales différences par une foule de traits qui les caractérisent.

Si souvent l'habitude produit nos dégoûts ou notre indifférence, par fois aussi elle cause nos plaisirs : on lui doit les douceurs d'un mutuel attachement, celles de la sociabilité, et les principaux charmes de l'amour et de l'amitié. C'est elle qui forme les doux liens qui unissent les pères et les enfans, les frères et les sœurs, les époux, les parens, les amis ; qui attachent les citoyens à leur patrie, et tous les hommes à leur pays, aux lieux qui les ont vu naître ou qu'ils ont longtems habités. C'est elle qui retient, dans les ardentes contrées du midi et dans les climats âpres et glacés du nord, de nombreux habitans qui ne laissent pas de se croire heureux, et que l'aiguillon chez nous si puissant de la curiosité ne sauroit en arracher : enfin il n'est rien qu'elle ne rende facile ou supportable ; elle fait chanter le captif dans sa prison et le forçat sur sa galère ; elle fait vaincre le dégoût naturel qu'inspire la dissection des cadavres humains ; elle peut tout puisqu'elle a pu faire des Cartouche, des bourreaux et des antropophages.

Elle forme des hommes pour toutes les classes de la société; elle fait le soldat et le marin (qui lui doivent ce sang-froid avec lequel ils affrontent les tempêtes, et bravent les dangers et la mort), l'agriculteur, l'artisan, l'artiste, le philosophe, le guerrier, le ministre, le législateur, et l'habile homme en tout genre : elle donne à-la-fois la théorie et la pratique; et ce qu'elle ne crée point, ce qu'on tient de l'organisation, à coup sûr elle le perfectionne et le développe; avec elle, le génie peut tout; sans elle, il ne peut presque rien; ou plutôt le génie n'est-il pas lui-même (au moins en grande partie) un produit d'excellentes habitudes? Bonne, elle ne compose les sociétés que de bons élémens, d'hommes utiles, appliqués, laborieux, de gens de bon sens et de probité, gouvernés par des hommes d'esprit et de génie, et forme ainsi les meilleurs gouvernemens, ainsi que les peuples les plus grands et les plus heureux : elle fait alors des Grecs, des Romains, des Anglais, des Français. — Mauvaise, elle ne les forme que de mauvais élémens; elle fait des gueux, des mendians, des brigands, des inquisiteurs et des moines, des superstitieux et des fanatiques, et en général d'insolens despotes, d'orgueilleux oppresseurs, et de stupides opprimés, d'où résultent le plus détestable des gouvernemens comme la plus vile et la plus malheureuse des nations.

L'opinion, cette reine du monde moral, n'est pour chaque peuple que le résultat des idées, des usages, des cérémonies, des formules et des jugemens vrais ou faux, enfin des erreurs et des préjugés consacrés par l'autorité et affermis par l'habitude. Quand la vérité (ce qui arrive quelquefois) sert de fondement à l'opinion publique, alors celle-ci n'est, comme elle devroit toujours l'être, que la *raison*; quand le mensonge et la fausseté en sont la base, elle n'est plus que la *déraison* ou la sottise et la folie publiques. C'est du mélange de ces deux élémens que se compose presque par-tout l'opinion, qui est d'autant meilleure ou plus mauvaise que la raison ou les préjugés y sont plus ou moins dominans. Où est le peuple uniquement conduit par la raison? C'est une belle puissance, mais dont l'empire est par malheur trop borné. On a défini l'homme *un animal raisonnable*, mais c'est-là une définition qui ne convient qu'à fort peu de monde; elle signifie tout au plus qu'il est susceptible d'acquérir de la raison, si on veut prendre les moyens de lui en donner; il deviendra également, si on le veut, stupide, absurde et fanatique; en un mot, c'est un animal qui est tout ce que l'on veut qu'il soit : pour s'en convaincre, il n'y a qu'à jetter un coup-d'œil sur le globe.

Les habitudes enracinées des peuples font la principale force des gouvernemens bons et mauvais, sont un des premiers principes de leur stabilité et de leur durée, et le principal motif de la sécurité des gouvernans qui par-tout ont grand soin d'empêcher qu'on n'y porte atteinte, parce que, premiers maîtres et instituteurs des peuples, ils n'ont pas manqué de les plier de bonne heure à un système de croyance, d'usages et d'habitudes souvent bien moins conformes au bonheur de tous qu'à l'intérêt exclusif de la caste régnante et dominante. Cette force, cette tenacité des habitudes dont l'ensemble forme à la longue le caractère et les mœurs d'un peuple, l'état d'inertie et d'*automatisme* qui en résultent sont la cause qui s'oppose le plus puissamment à toute espèce d'innovation : voilà pourquoi les révolutions sont si difficiles, si orageuses et si longues; elles supposent toujours (en tout ou en partie) le changement plus ou moins violent des opinions et des mœurs d'un peuple, qui ne peut bien s'opérer qu'à la longue; car le tems seul qui avoit affermi les premières habitudes, peut consolider les nouvelles, et faire oublier insensiblement les autres. Dans l'éducation des peuples comme dans celle des individus, les habitudes ne peuvent bien se contracter et s'établir qu'avec une sage lenteur et des ménagemens proportionnés aux forces et au tempérament, aux lumières et aux préjugés d'une nation; car souvent l'on décourage son élève en voulant trop brusquer son avancement, et l'on révolte un peuple en voulant le courber trop tôt et trop vîte sous le joug d'habitudes nouvelles (1). En pareil cas,

(1) Pourquoi est-il si difficile de faire adopter aux Français le nouveau calendrier ou la nouvelle division du tems, et le système des nouvelles mesures (de poids, de volume, de surface et de ligne ou de distance) si précieux par son uniformité! Pourquoi le peuple a-t-il toujours préféré la semaine à la décade, et le di-

tems, douceur et persuasion, font toujours plus que précipitation, brusquerie et violence.

Le tems le plus favorable pour une révolution est celui où, par une suite de changemens introduits peu-à-peu dans les lumières, l'opinion, les habitudes et le caractère d'un peuple, tout le monde sent plus ou moins l'avantage de la faire, vu le défaut, l'insuffisance des anciennes lois, le besoin de lois nouvelles, et la nécessité de remédier aux abus. Alors elle peut avoir lieu sans danger, sans secousse; mais lorsque dans un pays soumis depuis longtems à un régime oppresseur, il se trouve au sein d'une grande population presque toujours ignorante et insouciante sur la forme de son gouverne-

---

manche au décadi; pourquoi toutes les innovations en matière de religion sont-elles si difficiles, si dangereuses, souvent si sanglantes? C'est une suite évidente de la ténacité avec laquelle les individus et les nations sont attachés à leurs idées habituelles, à leurs usages, à leurs superstitions, même à leurs erreurs (quoique souvent les plus contraires à leurs vrais intérêts). — Quand une fois les têtes ont été formées de certains élémens (bons ou mauvais), enracinés par le tems, on y tient opiniâtrement: l'amour-propre des uns et l'intérêt des autres vient à l'appui, et leur persuade aisément qu'ils sont les meilleurs possibles; on s'aveugle, on s'échauffe, on s'entête, on défend sa chimère au péril de sa vie. A un certain âge, la paresse s'oppose à l'acquisition de toute idée neuve; si l'on s'examinoit à fond, souvent l'on auroit trop à rougir du peu que l'on vaut, l'on auroit honte de valoir moins que des jeunes gens, ou même des enfans; l'on aime mieux travailler à se tromper soi-même, et l'on n'y réussit que trop. C'est ainsi que le pouvoir des passions et de l'habitude l'emporte toujours sur celui de la vérité et de la raison qui ont tant de peine à prendre racine sur notre petit globe.

ment, un grand nombre d'hommes éclairés, voyant les abus et intéressés à les détruire, tandis qu'une classe d'hommes injustes et puissans est intéressée à les faire durer, parce qu'elle en profite : alors il se forme une coalition des lumières et de la raison contre l'injustice ; elle se renforce et s'étend en silence, en gagnant chaque jour du terrein, et il ne faut que l'étincelle d'une occasion favorable pour produire une explosion, une lutte terrible qui ne finit plus que par la destruction totale d'un parti, quelquefois par le triomphe du plus juste, et trop souvent par celui du plus fort.

Les individus sont sans mœurs et sans caractère, tant qu'ils sont sans habitudes suivies ; de là les contradictions, l'irrésolution, la foiblesse, l'ignorance, les écarts et les malheurs auxquels sont exposés les hommes sans éducation, sans expérience, livrés à eux-mêmes dans la carrière de la vie, ou placés dans un poste pour lequel ils n'ont pas été faits. Il en est de même des peuples ; voilà pourquoi la naissance des états et leurs révolutions sont d'ordinaire accompagnées de la dissolution des mœurs, de toutes sortes d'excès, de débauches et de vices : le passage de la barbarie à la civilisation, et de l'anarchie à l'ordre, est une espèce de cahos ; tant qu'il dure on est sans lois, sans instruction, sans éducation et sans bonnes habitudes : non-seulement on n'en a point de bonnes, mais chaque jour voit développer le germe d'une foule de mauvaises ; le peuple sans guide, ou qui a perdu ses premiers guides, devient le jouet des charlatans, des factieux, etc. ; harangué de toutes parts, ballotté et entraîné tour-à-tour dans toutes sortes de directions, il ne sait plus ce qu'il doit croire ni ce qu'il doit faire, et il fait indistinctement toute sorte de bien et de mal. Fier d'être débarrassé de toute espèce de frein, sa règle est sa force, et sa liberté la licence. Dans ce déplorable état des choses, les citoyens s'entredévorent par la guerre civile et par l'immoralité, mais ce moment d'orage ne peut toujours durer : peu-à-peu l'effervescence des passions se rallentit, la lumière croissante dissipe les ténèbres, l'ordre renaît du sein de ce cahos, le parti vainqueur rétablit les lois ; l'instruction, l'éducation et les lois rétablissent peu-à-peu les habitudes particulières et publiques, par conséquent aussi les mœurs ; et les bonnes mœurs, résultat des bonnes habitudes, rappellent le bonheur, compagnon de la paix.

Conclusion.

Je crois avoir démontré *à priori* que les individus et les peuples ne sont, en grande partie, que le produit nécessaire de leurs habitudes ; mais si quelqu'un en doutoit encore, il n'a qu'à joindre les preuves historiques à celle du raisonnement direct ; qu'il jette un coup-d'œil sur la mappemonde politique du globe et sur les peuples qui l'habitent, il verra clairement qu'elles sont beaucoup plus encore que l'organisation et le climat, la cause puissante qui différencie le Portugais, l'Espagnol, le Français, l'Italien, l'Anglais, le Suédois, le Russe, l'Allemand, le Turc, le Persan, le Chinois, etc., enfin l'habitant civilisé des deux continens, et les insulaires encore sauvages semés çà et là sur les mers. Celui qui saura rapprocher et combiner comme il faut ces trois forces, l'*organisation*, le *climat* (1), les *habitudes*, trouvera peu de problêmes insolubles en politique et en morale; il expliquera aisément la stupidité et l'apathie de certains peuples, la sagesse et les lumières des autres, la vivacité et la légèreté de ceux-ci, la gravité et le phlegme de ceux-là; il verra pourquoi l'un est foible, paresseux et lâche, l'autre fort, courageux et laborieux; l'un superstitieux et fanatique, l'autre raisonnable et philosophe; l'un industrieux et commerçant, l'autre guerrier et conquérant; l'un avare ou parcimonieux, l'autre prodigue et magnifique, etc. : il verra comment les forces réunies de l'habitude, de la crédulité et de l'ignorance, entretenues par la politique, ont su donner à chaque peuple un haut degré d'admiration pour ses coutumes, sa religion et ses lois, et sont venues à bout de lui persuader qu'il est le premier peuple du monde lorsqu'il n'est souvent que le plus chétif ou le plus misérable : il verra pourquoi l'intérêt diversement modifié et appliqué fait trouver dans un endroit, inutile, ridicule,

---

(1) Le *régime* est aussi une cause très-puissante dont l'action n'est pas à négliger, mais elle n'est que secondaire; elle est presqu'entièrement le produit du climat, du gouvernement, de la profession qu'on exerce, enfin du système des habitudes sociales, propres au pays où l'on vit.

profane ou abominable, ce qu'ailleurs on trouve précieux, adorable, sacré ; pourquoi l'on est naturellement porté à trouver bons et beaux tous les objets dont on a coutume de jouir, ce qui produit dans chaque pays une si grande variété de jugemens en fait de *bon* et de *beau*, et rend les règles du bon goût, sinon arbitraires, au moins variables jusqu'à un certain point, suivant la position géographique des peuples et leur degré de civilisation ; pourquoi enfin ce qui est vice ici est vertu là, et réciproquement : il verra dans l'art machiavélique d'établir et de consolider les mauvaises habitudes, celui d'éterniser les préjugés religieux, physiques, moraux et politiques, en un mot les erreurs et les absurdités de toute espèce, l'art malheureux de rendre les hommes faux, féroces et stupides, en substituant insensiblement la force de l'entêtement, de la crédulité et de l'ignorance, à celle des sciences, de la vérité et de la justice.

Par-tout il découvrira dans l'usage où l'on est d'adopter et de faire adopter aux autres des mots sans idée, des notions mal déterminées, des formules vagues, etc., et d'inoculer dans la tête et le cœur des individus et des peuples (comme des vérités sacrées) des propositions fausses, des traditions absurdes et des contes ridicules, la source intarissable des faux jugemens, des mauvais raisonnemens, des écarts de l'imagination ; enfin de la fausseté et de la foiblesse générale des esprits, comme le principe de leur justesse et de leur force est dans l'heureuse habitude de n'admettre aucun mot, aucun signe qui ne soit représentatif d'une idée nette, aucune notion complexe qui ne soit rigoureusement analysée, enfin aucune proposition dont on n'ait vérifié l'exactitude ou dont on ne sente l'évidence.

Il appercevra dans l'opposition presque générale des leçons de la nature avec celles des hommes, et l'opposition qui règne dans le système de nos institutions et de nos habitudes (qui d'ordinaire s'affoiblissent ou s'entredétruisent au lieu de se favoriser et de s'entr'aider par un heureux accord), une cause non moins puissante du peu de développement de nos facultés, du peu de noblesse dans les passions, d'élévation dans les ames, et de grandeur dans les caractères, enfin un puissant obstacle au progrès des sciences et au bonheur de l'espèce humaine; comme il verra le principe fécond de notre perfectionnement physique et moral, dans le sublime talent de lier ensemble toutes les parties de l'éducation, de la morale, de la législation et des institutions publiques, en les faisant adroitement concourir au même but, et ne formant de toutes ces forces réunies qu'une puissance unique, capable de nous diriger constamment et sans contradiction vers les lumières, la raison et le bonheur.

Il ne s'étonnera plus de voir l'espèce humaine composée par-tout d'une si grande multitude d'imbécilles et de fous, et d'un si petit nombre de sages; présentant le singulier mélange de payens, d'idolâtres, de juifs, de chrétiens, de musulmans, etc., ici se faisant baptiser, là se faisant circoncire, ailleurs soumise au honteux usage de la castration et de l'infibulation, adorant dans un tems et dans un lieu ce dont elle rit ou rougit dans d'autres tems et d'autres lieux ; faisant succéder au culte de Saturne, de Jupiter, de Vénus, d'Apollon, de Bacchus, de Cérès, de Flore et de Pomone (riantes et allégoriques divinités de l'antique mythologie) le culte révoltant ou grossier de la mythologie moderne ; tantôt prosternée devant un peu de pain, un oignon, une carotte, un bœuf, un éléphant, un crocodile, etc. ; adorant même jusqu'aux excrémens de l'homme et des plus vils animaux ; tantôt égorgeant ces mêmes animaux pour appaiser, honorer ou remercier d'invisibles fantômes (produits des cerveaux humains) qu'elle appelle ses dieux, et trop souvent leur offrant en sacrifice des hommes, des femmes et des enfans ; en un mot livrée presque par-tout à une foule de coutumes et de pratiques plus ou moins bisarres, ridicules ou abominables. — Il ne sera surpris ni de la multitude des sectes soi-disant philosophiques, ni de l'acharnement mutuel des sectes religieuses composées (les premières de pirroniens, de sceptiques, de stoïciens, d'académiciens, de pithagoriciens, d'épicuriens, de cyniques, etc. ; les secondes de luthériens, de calvinistes, de catholiques, de jansénistes et de molinistes, d'orthodoxes et d'hérétiques, de sincretistes, etc.). Il verra avec la même indifférence, la même pitié, le même dédain, et souvent avec la même indulgence, l'aruspice, le druide, le prêtre, le rabin, le bonze, le brachmane, etc. Enfin il verra comment

par

par les suites de la même puissance, celle de l'habitude (imprimée d'abord elle-même par la ruse ou la force, la douceur ou la crainte), Confucius, Zoroastre, Numa, Moïse, Mahomet, Jésus, le Pape, etc., et tous les fabricateurs de religions et de dieux se sont tour-à-tour emparés de l'imagination des hommes pour les conduire à leur gré, et ont su conserver si longtems leur empire sur eux.

Au milieu de ce monstrueux amas d'absurdités rendues sacrées par l'habitude et le tems; parmi cette foule d'autels et de temples élevés à l'erreur, à peine trouvera-t-il, de loin en loin, quelques prêtres de la raison, quelques sages occupés à étudier la nature, à poser les fondemens des sciences, à établir les règles de l'art d'observer et de penser, cherchant à se soumettre et à soumettre les autres à la rare et précieuse habitude de la vérité et de la justice, et assez heureux pour le faire impunément. Il les verra persécutés par le fanatisme et l'ignorance, exposés à la fureur d'une populace aveugle, livrés à la vengeance des moines, des prêtres, des inquisiteurs et des despotes; tantôt poursuivis par les Anitus et buvant la cigue comme Socrate, et tantôt réduits à s'empoisonner pour se soustraire à l'échafaud teint du sang des Bailli et des Lavoisier; il gémira sur la triste destinée de l'homme à qui l'on ouvre par-tout les routes sans nombre de la sottise et de l'erreur, tandis qu'on est si attentif à lui fermer le chemin unique de la vérité.

Il ne s'étonnera plus de voir le génie, les sciences et les arts parcourir successivement les diverses régions du globe, périodiquement couvertes des ténèbres de l'ignorance et du fanatisme ; il ne sera plus surpris de voir le même peuple être tour-à-tour (dans les mêmes lieux) éclairé ou abruti, actif ou paresseux, pauvre ou riche, puissant ou misérable, avili ou sublime ; en un mot, parcourant tous les degrés de la civilisation, et passant d'une extrémité à l'autre, suivant qu'il est plus ou moins bien gouverné, qu'il est soumis à de meilleures lois, à un meilleur système d'éducation. Il conclura de là, comme je l'ai fait, que par-tout les hommes sont à-peu-près ce qu'on veut qu'ils soient par la toute-puissance de l'habitude, et l'art bon ou mauvais avec lequel on forme et l'on dirige leurs facultés.

Cela est si vrai qu'une nation qui seroit d'abord composée des débris de divers peuples, ou de la réunion de toutes sortes d'individus pris dans tous les climats (comme presque toutes le sont plus ou moins par l'effet des conquêtes, des voyages, des alliances, des migrations, de la guerre et du commerce), finiroit, à la longue, par ne plus présenter qu'une masse homogène par suite de la force des mêmes institutions et des mêmes lois. Comment, sans le pouvoir de la législation, du gouvernement et des habitudes qui en dérivent, expliquer ces grands changemens de civilisation si fréquens chez un même peuple et dans un même pays ? Pourquoi, dans le même climat, de si grandes différences, et tant d'égalité dans des climats si divers ? Pourquoi tant de diversité entre des peuples qui habitent une même zône de la surface du globe, où le degré de latitude est le même? Pourquoi la philosophie, les sciences et les arts sont-ils voyageurs sur la terre? Comment reconnoître dans les Turcs et les Grecs de nos jours, les descendans de ces anciens Grecs si fameux par les lumières, les arts et la législation? Est-il possible (doit-on se dire, en jettant les yeux sur la carte de la Grèce actuelle) que ce soit-là le pays des Solon, des Licurgue, des Aristide, des Epaminondas; la patrie d'Homère, d'Euclide, d'Archimède, de Zeuxis, de Phidias et d'Apelle? Tout est perdu, tout a changé par le changement de législation. Combien a été petit et mesquin le peuple qui a succédé à ces fiers Romains, dominateurs de l'univers! C'est qu'il a été gouverné par un pape et des théologiens, au lieu de l'être par un sénat illustre. Quelle révolution, quel bouleversement en France et en Europe depuis dix ans! Cependant le sol de la Grèce, de l'Italie et de la France n'a point changé : c'est donc à des causes morales qu'il faut attribuer de si grands changemens. En effet, c'est presque toujours dans la constitution des peuples, dans l'état actuel de la civilisation, dans leur degré de raison, enfin dans la nature de leur gouvernement, créateur de leurs passions et de leurs habitudes, qu'on sera sûr de trouver le principe de ces différences qui nous étonnent. Les hommes sont une étoffe dont on fait tout ce que l'on veut; il ne s'agit que de vouloir et de savoir en tirer parti : et ce talent est celui de l'instituteur philosophe, du législateur et de l'homme d'état. Tous trois doivent s'entr'aider et marcher ensemble. Le premier prépare l'esprit et le cœur aux bonnes lois, le second les fait, et le troisième les fait exécuter.

CHAPITRE XI.

Résultat naturel des bonnes habitudes, d'un bon plan d'éducation, de législation et de gouvernement, ou de la liberté et du bonheur.

La liberté, ce bien si cher, éternel objet des vœux de l'homme, qui est avec la santé, le travail et la paix, la source de tous les vrais biens; la liberté est une chose aussi difficile à conserver qu'à acquérir. Cette plante morale ne croît pas sans peine sur le globe habité par l'homme; globe malheureux, antique séjour des ténèbres, de la folie et du crime, où le génie et la vertu n'ont fait jaillir encore que des éclairs passagers, qui n'offre presque par-tout que le règne de la force sur la foiblesse, le triomphe de la ruse et de la fourberie sur la droiture et la simplicité, enfin celui des passions féroces, des préjugés et de l'erreur sur les lumières, la raison et la justice.

Quoi qu'il en soit, la liberté chez l'homme civilisé est la faculté de disposer comme il veut de sa personne, de son tems et de sa fortune. On est libre tant que l'on sent en soi le pouvoir de remuer les diverses parties de son corps ou de rester immobile, de donner ou de refuser son attention à certains objets, de voyager ou de vivre casanier, de se transporter à tel endroit plutôt qu'à tel autre, de se livrer de préférence à tel exercice, à tel amusement, à tel genre de travail et d'occupation, en employant comme on veut tous ses momens : on l'est tant qu'on a la faculté d'examiner, de comparer, de choisir, d'agir ou de ne point agir : on est libre quand on peut penser, parler, écrire sans obstacle, et publier sans crainte sa pensée : on est libre enfin quand on n'a pas d'autre maître que soi-même, de sages lois, la raison et la nécessité. On cesse de l'être dès qu'on cesse d'appliquer à son gré les forces de son esprit et celles de son corps, dès qu'on est soumis à un autre empire qu'à celui de la vérité, de la nature et des bonnes lois; dès qu'on ne peut plus ni s'abstenir de ce qu'elles n'ordonnent point, ni faire ce qu'elles n'ont pas défendu, ou tout ce qui peut nous être utile sans nuire aux autres.

La liberté ou le pouvoir de faire ce que l'on veut, varie dans les individus suivant l'état des organes, l'âge, le sexe, la condition, l'éducation, la fortune, les passions, etc., et chez les divers peuples suivant le degré de civilisation et d'instruction, la bonté des lois et du gouvernement, l'opinion et la religion, etc. — Dans l'homme sauvage et les animaux chez qui elle n'est plus restreinte par des entraves de convention, elle consiste dans un entier développement de leurs forces ou de leurs facultés. Elle n'est limitée que par leur conformation primitive, les dérangemens de leur organisation, par l'inertie et la résistance des obstacles matériels qui les environnent, ou par la puissance active des êtres animés dont la grande famille se dispute et se partage le globe.

Voyons maintenant à quoi se réduit le pouvoir de l'homme sur lui-même ou sa vraie liberté; et pour cela, tâchons d'analyser les causes qui restreignent ou limitent l'exercice de sa puissance et de ses facultés.

Parmi les mouvemens qui s'opèrent dans la machine humaine, il en est de trois espèces, les uns volontaires, les autres involontaires, et les derniers mixtes ou participans des deux premiers. Les premiers qui s'opèrent par l'action directe du cerveau et du système nerveux sur les muscles, dépendent de notre volonté : tels sont ceux de la tête, de la langue, des yeux, des bras, des mains, des jambes, et de tous les organes corporels, dont tous les mouvemens dirigés par l'éducation et développés par l'habitude, donnent naissance aux exercices du corps, aux talens agréables, et aux arts brillans de la peinture, de la musique, de la danse, de la déclamation, etc.

Les seconds, indépendans de la volonté, s'exécutent en nous à notre insu et malgré nous : tels sont ceux qui ont lieu dans le cerveau, le cœur, les artères et les veines, dans l'estomac et les intestins, etc., et qui, premiers et principaux fondemens de l'organisation et de la végétation animale ne peuvent cesser que par la destruction de la machine.

Les troisièmes sont en partie volontaires et en partie involontaires : tels sont ceux 1°. de la respiration, qui s'exécutent continuellement sans que nous puissions les empêcher, mais que nous pouvons, jusqu'à un certain point, suspendre, rallentir ou précipiter; 2°. ceux du cerveau, des organes du goût, de l'ouie, de l'odorat, des organes de la génération, etc., sur lesquels la volonté agit par fois en provoquant leur exercice, mais qui souvent aussi agissent sans elle ou malgré elle, dans l'état de veille et dans celui de sommeil; et en général presque tous nos mouvemens sont en partie volontaires et en partie involontaires, puisque tous les objets extérieurs agissent continuellement sur nos sens qui, eux-mêmes, exercent les uns sur les autres une action et une réaction continuelles.

Tous ces mouvemens nés de l'organisation, et dont le foyer principal et la cause première résident dans le cerveau et tout le système nerveux, sont eux-mêmes subordonnés à une puissance organisatrice plus grande, plus générale qui les avoit produits par le phénomène de la génération, et qui journellement les entretient et les conserve. Elle réside dans la gravitation universelle dont l'attraction chimique n'est qu'un cas particulier, dans l'action du calorique et de la lumière, dans le double mouvement de la terre sur elle-même et autour du soleil d'où naît l'ordre des saisons, dans les mouvemens périodiques de l'atmosphère et de l'océan, dans les lois du fluide électrique, magnétique, galvanique, etc. Tout ce qui vit est esclave de ces grandes puissances naturelles, premiers ressorts de l'organisation générale de l'univers, et causes premières de la végétation et de la vie sur notre petite planète. Mais outre cette dépendance primitive et générale d'une force supérieure, l'homme civilisé éprouve encore celle qui résulte des conventions sociales, des lois et du gouvernement. Alors il échange une portion de sa liberté naturelle contre la protection, la sûreté, et les autres avantages qui résultent de la réunion des hommes en société, ou du moins contre l'espoir de les obtenir. Ces avantages seroient grands, sans doute, si la raison, la bienfaisance et le génie présidoient à la législation et à l'administration générale de l'état; car alors le citoyen ne perdant de sa liberté que ce qui lui seroit inutile ou même dangereux, trouveroit un dédommagement bien précieux dans son assujettissement à la règle sociale, et dans la jouissance paisible de cette foule de biens que peut toujours faire naître un bon gouvernement. Par malheur ce sont trop souvent les passions, les préjugés, l'ignorance et l'intérêt personnel qui organisent le monde social, et tiennent les rênes des gouvernemens. Alors on ne se propose plus d'*introduire la plus grande somme de bonheur dans le corps entier de la société*, mais seulement dans quelques-uns de ses membres privilégiés, ce qui fait languir et dépérir tous les autres.

En voyant dans les sociétés cette foule d'hommes livrés à l'oppression, à la misère, à la mendicité, à l'esclavage, etc., la plupart du tems manquant de tout, tandis qu'une autre classe d'hommes se tourmente et se rend misérable par l'excès même des richesses, et languit au sein de l'abondance et d'un luxe sans pudeur : en réfléchissant d'un autre côté sur cette foule de devoirs minutieux, insipides, etc., sur la tyrannie des préjugés, de l'opinion, de la mode, de l'usage, sur cette multitude de besoins factices et imaginaires, sur la violence et l'insatiable avidité des passions qu'ils font naître ou qu'ils entretiennent, enfin sur ce grand nombre de chaînes dont nous nous plaisons à nous charger nous-mêmes, et qui ne servent qu'à tourmenter notre existence, on seroit presque tenté de regretter les forêts, et d'envier l'indépendance et la grossièreté du sauvage.

Nous avons pourtant bien assez d'entraves et de liens naturels sans nous en créer de nouveaux : ne sommes-nous pas sans cesse entourés d'une foule de causes qui restreignent, troublent ou suspendent l'exercice de notre volonté et de la liberté. La composition même et les besoins de notre corps, le sommeil, les maladies, les passions fortes, la force de l'exemple et de la coutume, la tyrannie de l'opinion et des préjugés, les douleurs du corps, les peines et les inquiétudes de l'esprit, les chagrins du cœur, etc., ne sont-ce pas là autant d'obstacles qui, durant tout le cours de la vie, contrarient, altèrent plus ou moins notre force motrice et limitent notre liberté, jusqu'à ce que les infirmités, la vieillesse, la décrépitude et la mort détruisent entièrement l'un et l'autre.

Il faut l'avouer, nous sommes condamnés à une sorte d'assujettissement continuel : la nature et les institutions humaines nous tiennent liés et garottés depuis la naissance jusqu'à la mort, depuis l'instant où l'on nous tient prisonniers dans un maillot jusqu'à celui où l'on nous cloue dans une bière. L'homme naissant n'est encore qu'un être passif; tout ce qui l'entoure agit sur lui, et il ne peut presque réagir sur rien; il n'a guère plus d'empire sur lui-même que sur les corps environnans; il ne peut pas plus se procurer lui-même des plaisirs que se soustraire aux peines qui le menacent, aux périls, aux douleurs qui l'assiègent; il périroit à chaque instant sans les tendres soins de sa nourrice ou de sa mère; ce n'est qu'en grandissant qu'il acquiert des forces et qu'il sort peu-à-peu de cet esclavage inévitable par où la nature, dans nos premières années, nous fait passer tous. Une fois maître de se transporter çà et là, il essaie et mesure sa puissance avec tout ce qui l'entoure; il connoît bientôt les êtres plus foibles ou plus forts que lui; il apprécie le poids des corps, la résistance qu'ils peuvent opposer en repos ou en mouvement, et les obstacles qui peuvent la vaincre. Devenu mécanicien par l'expérience et l'observation, il ajoute au pouvoir de ses bras la puissance du levier et des machines, qui ne sont que le produit des diverses combinaisons qu'on en peut faire. Au moyen d'une instruction plus détaillée, à mesure qu'il avance en âge, il parvient à avoir une idée nette du système du monde, des lois qui entretiennent l'harmonie des corps célestes; par ses réflexions sur lui-même et l'étude de l'histoire, il apprend à connoître ces deux grandes forces humaines (l'intelligence et la volonté) qui régissent le monde moral ; il étudie le jeu des passions, l'esprit des gouvernemens, les vertus et les vices des peuples ; il voit ce qu'a produit chez nous de bon et de mauvais, dans tous les tems, l'antique guerre de la raison et de l'injustice ou de la sagesse et de lafolie. Parvenu à ce degré de connoissance, il voit au juste à quoi se réduit ici-bas la liberté réelle de l'homme en société, ou cette portion de force et de facultés dont la nature, la nécessité, les institutions humaines, les passions d'autrui et ses propres passions lui ont laissé l'usage. Il voit évidemment qu'il n'y a de vraie liberté que dans les pays où les lois sont conformes à la raison, c'est-à-dire, où elles n'ordonnent que ce qui est avantageux à l'individu et à la société, et ne défendent que ce qui est nuisible à tous deux. Que par-tout l'on est d'autant plus libre et plus heureux, que les lois sont meilleures et mieux exécutées, et d'autant moins libre ou plus esclave et plus malheureux, qu'elles sont plus mauvaises et plus mal exécutées. Il voit que les sociétés étant par leur nature de grandes machines nécessairement formées d'élémens différens, l'égalité absolue des individus est une chimère ; que la seule égalité réelle est celle qui naît des mêmes organes, des mêmes besoins, des mêmes idées, des mêmes talens, d'une égale protection des lois, de la même punition pour les mêmes fautes, des mêmes récompenses pour les mêmes services, d'une instruction commune pour tous les individus capables d'en profiter et destinés au même état, de la faculté de parvenir à toutes les places que l'on est capable de bien remplir ; mais que l'ensemble des droits et des devoirs, le degré de considération et de traitement pécuniaire, enfin la somme d'avantages et de jouissances qui en est la suite, doivent varier dans tous les états, professions ou conditions, en raison des connoissances, des talens, du génie et des grandes qualités de l'esprit et du cœur qu'exigent les différentes places. Et que dans les sociétés les mieux organisées tout ce que peut raisonnablement espérer et desirer chaque individu, c'est 1°. que dans tous les états la dignité de l'homme fortement sentie, soit aussi généralement respectée ; 2°. que qui que ce soit ne puisse impunément porter atteinte ni à sa personne, ni à son honneur, ni à sa fortune ; 3°. qu'en faisant librement de ses facultés l'usage qu'il croit le meilleur, et tirant de son industrie et de ses moyens le parti le plus avantageux, il puisse aussi se procurer toute l'aisance, les plaisirs et les jouissances appropriées à sa position, et par-là être lui-même sans obstacle l'artisan de sa félicité, et jouir de tout le degré de bonheur auquel il peut raisonnablement aspirer en raison de ses talens, de son travail, etc. Mais tout le monde dans un état ne peut ni ne doit être également riche, parce que l'on ne peut, l'on ne doit point y être également spirituel, également puissant, également actif et industrieux, etc.; mais on peut, chacun à sa manière, y être également ou plutôt proportionnellement heureux, autant du moins que le comporte la position respective de chacun. — D'ailleurs du quoi serviroit une grande fortune à un homme sans talens, sans génie, qui ne sauroit qu'en faire, ou qui en feroit souvent un fort mauvais usage. La richesse doit être proportionnée à l'étendue des besoins et des lumières; autrement elle devient un fardeau plus embarrassant et dangereux qu'utile : il faut qu'une éducation soignée prépare l'homme riche à jouir de ses biens. L'homme qui a peu d'idées, a peu de besoins, et peu de chose lui suffit pour les satisfaire. Il suffit donc, pour la commune félicité, 1°. que le bon sens ou la rectitude naturelle des esprits ne soit pas altérée et corrompue, comme elle l'a toujours été presque par-tout, par le dangereux alliage des préjugés et de l'erreur (or ce n'est pas là la chose impossible; car une tête dans laquelle on ne met point d'idées fausses, s'en fait naturellement de justes sur tous les objets à sa portée, et la stupidité et le fanatisme sont bien plus l'ouvrage de l'homme que celui de la nature); 2°. il suffit que tout le monde soit à l'aise, que les revenus publics soient distribués et répartis de manière qu'il n'y ait point d'individus privés du nécessaire, tandis que d'autres régorgent de superflu, et deviennent malheureux par l'embarras et l'excès même des richesses, mais qu'il puisse au contraire circuler dans toutes les ramifications du grand arbre social la quantité de sucs nourriciers nécessaires à chaque branche; il suffit enfin que depuis le pâtre jusqu'au monarque, depuis le paysan jusqu'au législateur, chacun, trouvant un sûr asyle sous l'égide sacrée des lois, ait de quoi satisfaire les besoins naissans de sa situation dans l'ordre social, et par conséquent possède le genre et la portion de bonheur que sa position comporte. Voilà tout ce qu'on peut attendre des meilleures lois et des meilleurs gouvernemens.

Après avoir montré l'influence générale et inévitable qu'exercent sur la liberté et le bonheur, l'organisation primitive des individus, l'opinion, les lois, le gouvernement, etc., en un mot cet ensemble de forces physiques et morales composant la *nécessité*, et contre lesquelles il seroit aussi inutile que dangereux de vouloir regimber, voyons maintenant comment l'usage que chacun fait librement de cette petite portion de facultés qu'il conserve, contribue plus ou moins à son bien-être à raison de l'art avec lequel il sait l'employer, la diriger et l'économiser.

Nos sens, instrumens de nos connoissances, le sont également de nos plaisirs et de nos peines : chacun d'eux a une classe ou genre d'affections qui lui sont propres. Il a sa manière de jouir et de souffrir. Il semble donc, au premier coup-d'œil, que l'art d'être heureux ne soit que l'art de procurer à tous ses sens le plus grand nombre possible de sensations agréables et d'habitudes utiles, celui de les préserver des affections douloureuses et des habitudes dangereuses : mais il faut prendre garde 1°. que les plaisirs trop vifs d'un sens ne nuisent à ceux des autres, n'affoiblissent les organes ou ne les usent trop vîte ; 2°. que les plaisirs outrés de tous les sens ne s'opposent au bon état et à la durée du corps sensible. Pour jouir de tout son être, il faut soigner et faire marcher ensemble les fonctions, les habitudes et les plaisirs de tous les sens; mais il faut cultiver et développer de préférence ceux dont les habitudes plus nobles, plus multipliées, etc., peuvent nous donner les plaisirs les plus purs, les plus délicats, et les plus durables; c'est-à-dire, l'œil, la main, l'oreille, le cerveau et le cœur. Les trois premiers sont les organes des arts utiles et des beaux arts; les deux autres sont les organes propres des idées et des sentimens (voyez les trois premiers chapitres de la première partie), ceux de l'esprit et du génie, des vertus et des qualités sociales. Quant aux jouissances relatives au goût, à l'odorat, au tact, ce sont les moins importantes, malgré le prix qu'on a coutume d'y attacher : elles sont communes à tous les animaux; elles sont d'ordinaire le partage du vulgaire, des gens efféminés, des sybarites, des femmelettes et des petits-maîtres, qui ne les prisent si fort et ne les préfèrent à tout que parce qu'ils sont incapables de connoître et de goûter les voluptés de l'intelligence, auxquelles les plaisirs précités sont un grand obstacle quand on les prend sans choix et sans modération.

Malgré l'usage où l'on est de distinguer par les noms de *physique* et de *moral* le système général de nos sensations formé de deux grandes classes embrassant, l'une la somme des sensations agréables ou le bien-être et le plaisir, l'autre celle des sensations désagréables ou pénibles, ou le mal-être et la douleur, j'ai fait voir (page 6 de cette deuxième partie) que cette distinction n'est ni aussi philosophique, ni aussi nécessaire qu'on pourroit le croire. Que le plaisir ou la peine nous vienne du dedans ou du dehors, l'effet est toujours à-peu-près le même pour le corps sensible; seulement la cause ou l'organe qui les produit sont différens. Le physique diffère moins du moral qu'on ne pense, ou plutôt il est vrai de dire que ce qu'on a nommé *moral* n'est que la portion la plus déliée du physique ou *l'ensemble des facultés des plus nobles organes du corps sensible.*

Un homme qui n'auroit qu'un sens, n'auroit aussi qu'une seule classe de sensations, de desirs, de besoins, de passions, de plaisirs et de peines : toutes ces choses varient et se multiplient en même tems et dans le même rapport que le nombre des sens augmente : chacun d'eux est une nouvelle source de connoissances et de plaisirs ; et il semble que la nature, pour accroître indéfiniment notre bonheur, n'avoit qu'à augmenter encore le nombre et l'énergie de nos sens. Mais quand on vient à réfléchir que ces divers élémens d'une même machine sensible se contrarient les uns les autres ; qu'ils ont chacun leurs appétits, leurs habitudes, leurs passions, auxquels ils tendent à se livrer exclusivement, on se persuade aisément que l'homme tel qu'il est, est déja une mécanique fort compliquée, très-difficile à conduire, et dont peut-être il seroit dangereux de pouvoir augmenter les rouages.

En effet, rien de moins aisé que de bien établir et de maintenir l'équilibre entre toutes les habitudes,

les

les opérations et les facultés de l'ame (ou plutôt du corps sensible) ; l'homme ressemble à une petite république où chaque sens, chaque passion veut dominer et gouverner, et où souvent ils gouvernent tour-à-tour : mais l'empire sur soi-même n'appartient vraiment qu'aux cerveaux bien organisés, possesseurs d'une raison forte ; alors cette noble faculté s'empare de la législation et du gouvernement intérieur ; elle voit ce que chacun des sens doit faire pour le bonheur de tous ; elle le leur prescrit, ils obéissent en esclaves, et l'homme est heureux : image simple et frappante de tous les états bien gouvernés, dont une intelligence supérieure tient les rênes, et par une force toute-puissante maintient tout dans l'ordre et le devoir.

Nous avons vu, en considérant la force motrice des animaux ou la volonté, qu'elle se décomposoit, pour ainsi dire, en autant de directions ou tendances particulières qu'il y avoit d'objets reconnus agréables ou propres à satisfaire un besoin, ce qui donnoit naissance aux divers goûts, penchans, affections, passions, etc. ; que cette force presque nulle dans l'origine, acquéroit tous les jours de nouveaux accroissemens par la découverte de nouveaux objets de jouissances ; qu'elle se trouvoit réduite à deux élémens principaux, l'amour du bien (ou bien-être) qui porte l'animal vers la somme des corps propres à le lui procurer, et la haine du mal (ou mal-être) qui le détourne de la somme des corps reconnus pour mauvais, nuisibles ou capables de causer de la douleur.

L'homme par sa nature, ou par une suite nécessaire de son organisation, est donc contraint de chercher le plaisir et de fuir la douleur; et il n'est pas plus maître de se soustraire à cette double force, que de se dérober à l'action de la pesanteur qui dirige son corps vers le centre du globe, et le tient appliqué à sa surface : sous ce point de vue, il n'est donc pas libre; il sent, il est vrai, que quand il fait tout pour son bonheur, pour lequel il travaille constamment, il a en lui le pouvoir de faire le contraire, mais il sent aussi qu'il ne seroit pas du tout raisonnable de se servir d'une faculté dont il n'est jamais porté à faire usage que malgré lui, ou dans un cas où il ne sacrifieroit qu'un léger avantage : tel seroit celui où, pour prouver qu'il est libre d'agir même contre son bonheur, il s'imposeroit volontairement une privation ou un petit degré de souffrance; mais alors il sent en même tems qu'il fait une chose sinon folle ou ridicule, du moins tout-à-fait contraire à cette loi naturelle et primitive qui le presse de veiller à sa conservation et à son bonheur. Comme d'ailleurs il recherche constamment non-seulement ce qui peut le rendre heureux, mais encore ce qui peut le rendre le plus heureux possible, s'il savoit toujours voir sûrement où réside pour lui le maximum de bonheur, il seroit toujours nécessité de faire ce qui peut directement l'y conduire, ou, ce qui revient au même, il seroit forcé d'être raisonnable : alors sa conduite seroit soumise à une marche fixe et à des lois déterminées. Mais ce problême, d'autant plus compliqué qu'il a plus de besoins, est bien difficile à résoudre. Le plaisir présent agit fortement sur nous ; les peines passées nous affectent peu ; l'imagination retrace vivement ce qu'on desire avec force ; la raison ne peut pas toujours nous montrer où est le plus grand bien et nous faire éviter le danger ; de là l'incertitude et l'irrésolution : après beaucoup de fluctuations et d'anxiétés, il faut choisir, et souvent l'on choisit mal, 1°. parce qu'on ne sauroit prévoir l'avenir et mettre tout en ligne de compte ; 2°. parce que les plaisirs et les peines sont de quantités *immesurables*, ou qu'on ne compare qu'avec beaucoup de difficulté ; nous manquons d'une *balance morale* pour les peser : pour les mieux apprécier, il faudroit les éprouver tous à-la-fois, ce qui est impossible.

La multitude des objets qui peuvent procurer à l'homme des jouissances, partage sa sensibilité : chacun d'eux a son degré de force attractive et variable qui tour-à-tour l'attire vers lui, et auquel il résiste ou cède tour-à-tour. Il jouit d'abord et successivement de tout : sa mémoire lui rappelant les jouissances passées, lui donne le moyen de les comparer avec celles qu'il éprouve actuellement, et de donner à quelques-unes la préférence : il se souvient que certains plaisirs, quoique très-vifs, ont été suivis de peines ; ou (pour avoir été trop répétés et excessifs) l'ont empêché de goûter d'autres jouissances en affoiblissant trop sa force et ses facultés : il s'y livre donc avec plus de réserve et de précaution ; il leur préfère des jouissances moins vives, mais plus tranquilles, moins dangereuses et plus durables : à force de jouir de certains plaisirs, il s'en dégoûte, et finit par en rechercher d'autres, dont il s'éloigne pareillement, quand ses desirs sont satisfaits. C'est ainsi que toujours pressé par la force des desirs rendus tour-à-tour dominans, il parcourt le cercle de toutes les jouissances qui sont à sa portée ; et à force de faire des expériences sur le bonheur, il vient à bout de tirer le meilleur parti de son tems, de son existence et de ses facultés. Mais cet art ne peut être soumis à des règles constantes ; les desirs, les goûts, les passions de l'homme varient nécessairement en raison de l'organisation, de l'âge, du tempérament, de la position où il se trouve, de la forme de gouvernement où il vit. Nous sommes subordonnés à une foule d'événemens imprévus ou incalculables, et soumis à une multitude de forces variables et cachées, qui dérangent presque toujours les meilleurs plans de conduite : peu de gens en mourant seroient en état de dire comment ils auroient dû vivre pour être plus heureux qu'ils ne l'ont été, par suite de cette impossibilité où l'on est de prévoir et de diriger l'enchaînement secret de toutes les sensations de plaisir et de peine qui composent la vie.

Soumis à l'empire des circonstances, du hasard et de la nécessité, on ne peut donc que saisir en quelque sorte à la volée le plaisir et le bonheur : il ne faut pas trop courir après, de peur que la peine, l'inquiétude qui résulteroient de cette poursuite, n'excédassent le degré de bien-être qu'elle pourroit procurer; c'est une plante fort délicate qu'il faut cultiver avec soin, mais que l'on doit craindre d'étouffer par trop de culture : il faut préférer la facilité, la sécurité et la pureté des plaisirs à leur vivacité; il faut les prolonger par un usage modéré de ses forces, et l'emploi raisonné de ses moyens, de ses facultés, de sa fortune et des avantages de sa position; il faut travailler sans cesse à accroître, par des voies légitimes, ses moyens de jouissances, en accroissant ses lumières et ses talens, et par suite les récompenses pécuniaires ou honorifiques qui en sont ou qui devroient toujours en être la récompense. Il faut sur-tout, quand on a des prétentions à la célébrité ou à la gloire, jouir avec économie des plaisirs physiques, dont l'excès, en diminuant trop le système des forces sensitives, et par suite celui des facultés intellectuelles et morales, nous écarteroit totalement du but souhaité. En un mot il ne faut pas, en fait de bonheur comme dans tout le reste, vouloir des choses inconciliables et contradictoires. En cela comme en beaucoup d'autres choses, on ne peut aspirer à tout gagner, sans s'exposer à tout perdre; et presque toujours en gagnant d'un côté, l'on perd de l'autre. — La volupté, sans doute, a bien des charmes, mais elle nuit à la santé et au génie; l'homme trop occupé du plaisir des femmes, finit par leur ressembler; il perd peu-à-peu la vigueur de caractère, la force de tête, et l'élévation d'ame dont la nature a voulu faire l'apanage de son sexe; son esprit se retrécit, il devient esclave d'une foule de petites choses et de petites gens : il se dégrade et souvent s'abrutit. L'homme qui a l'ambition de faire de grandes choses, doit donc prendre son parti et renoncer à la gloire d'un amoureux conquérant; il doit, en ce genre, se contenter de la médiocrité. et même viser à la facilité pour éviter la perte du tems. Les beautés obligeantes sont donc priées de se prêter à la fâcheuse position de l'homme occupé de grands intérêts, ou de l'acquisition de connoissances vastes et de grands talens, en un mot de l'exécution de grands projets, en quelque genre que ce soit.

L'on ne peut guère obéir à-la-fois qu'à une passion dominante, à laquelle on se voit forcé de sacrifier tout le reste, tant que son activité dure. Rien de plus rare que de jouir de tout avec modération, et d'établir entre ses passions et ses facultés une sorte d'équilibre qui donne cette généralité de jouissances médiocres et variées, dont peu de personnes sont disposées à se contenter : on préfère d'ordinaire de se livrer pleinement et successivement à chaque passion, jusqu'à ce que, ayant en quelque sorte épuisé nos forces et produit la satiété et le dégoût, elle nous force de nous reposer pour nous livrer ensuite à une autre, et d'épuiser ainsi la vie en parcourant le cercle des plaisirs et des peines attachés à la satisfaction de chacune d'elles. — C'est sur-tout dans la jeunesse, tems où la force motrice est la plus grande, que les passions sont plus fougueuses, et qu'on a le plus de peine à les maîtriser, à les coordonner, et à les diriger : mais à mesure qu'on avance en âge, cette force diminue peu-à-peu; d'ailleurs l'expérience nous a souvent fait sentir le besoin de la réprimer et de la régler ; notre intérêt, bien entendu, nous en a fait contracter l'habitude : la prudence est une vertu que nous avons acquise à nos dépens, et qui devient ensuite le régulateur de nos passions et de notre conduite.

Il en est du problême du bonheur comme de tous les autres : il est d'autant plus aisé ou plus difficile à résoudre, que celui auquel on aspire est plus ou moins étendu, plus ou moins compliqué : il faut donc avoir soin de n'y pas faire entrer trop d'élémens, et faire ensorte de n'avoir que des prétentions et des desirs proportionnés à ses facultés actuelles (physiques, morales et pécuniaires), ou croissant dans le même rapport qu'elles.

L'homme, dans une condition obscure, est heureux à peu de frais. Le travail, la santé, du pain, une chaumière et la liberté, tels sont pour lui les élémens infiniment simples qui déterminent son bonheur : la nature lui indique les jouissances à sa portée ; et s'il en doit peu à son imagination, il lui doit encore moins de peines, car l'imagination est souvent pour nous un dangereux ennemi. Mère des illusions et des préjugés, c'est elle qui, par une sorte d'artifice perfide, ne nous laisse appercevoir dans la condition des autres que ce qu'il y a de bon, et nous cache ce qu'il y a de désagréable ; nous montre les plaisirs et les avantages qui y sont attachés, et nous dérobe les désagrémens et les peines qui s'y mêlent, et livre ainsi presque tous les cœurs au cruel tourment de l'envie : tandis que par un autre maléfice non moins funeste, elle ne montre dans notre position que ce qu'il y a de mauvais, et nous dérobe tout ce qu'il y a de bon. La nature nous a fait porteurs d'une double besace ; quand il est question de nos semblables, dans l'une des poches de devant nous plaçons le bien, et le mal dans la poche de derrière : pour nous, c'est tout le contraire, la besace est retournée, le mal est devant, et le bien est derrière. De là la solution du problême qu'Horace proposoit à son ami Mécène :

Qui fit, Mecenas, ut nemo, quam sibi sortem
Seu ratio dederit, seu fors objecerit, illâ
Contentus vivat, laudet diversa sequentes:
O fortunati mercatores, etc.

Voilà pourquoi personne n'est content de son sort, pourquoi chacun envie celui d'autrui, et se livre si souvent à des plaintes injustes contre la nature et son destin. Si chacun pouvoit voir à nu toutes les conditions, peut-être chacun finiroit-il par rester comme il est ; presque toujours c'est l'ignorance qui nous rend envieux, et nous fait déraisonner sur le chapitre du bonheur. — Si cette jolie phrase, *je suis content*, est l'expression simple et naïve du bien-être le plus vrai et le plus desirable, croit-on que l'homme en place, le riche, l'ambitieux, le voluptueux, l'avare, l'intrigant; etc., aient le droit exclusif de la prononcer? Non, le bonheur n'est point le partage unique des riches, des princes, des ministres et des rois (1) ; il est plutôt celui de cette

(1) Non enim gazæ, neque consularis
Summovet lictor miseros tumultus

classe d'hommes paisibles et laborieux (les cultivateurs, les artisans, les artistes, les savans), qui sont la base et l'ornement des sociétés humaines. Ce sont les gens les plus heureux, sinon absolument, du moins relativement (c'est-à-dire, que pour eux le rapport du plaisir à la peine est plus grand, ou celui de la peine au plaisir plus petit que dans les autres conditions); et si la somme totale des jouissances est moindre, ce qui n'est pas très-certain, celle des peines l'est encore dans un bien plus grand rapport, ce qui forme une sorte de compensation : s'ils jouissent moins que les riches et les soi-disans grands, ils conservent plus d'appétit pour la jouissance, et *desirer* est un sort préférable à la satiété et au dégoût si communs chez les autres.

La nature est moins injuste qu'on ne pense; elle a, comme l'on voit, établi une sorte d'équilibre entre les jouissances de tous les hommes, dont chacun a sa manière de jouir et sa capacité de jouissance suivant le degré de facultés qu'il en a reçu, et suivant la condition ou le destin et son choix l'ont placé. Les hommes qui n'ont que peu d'idées, n'ont que peu de desirs, partant peu de besoins; et dès qu'ils ont le moyen de satisfaire ceux qu'elle leur

---

Mentis, et curas laqueata circum
Tecta volantes.
Scandit æratas viciosa naves
Cura; nec turmas equitum relinquit
Ocior cervis et agente nimbos
Ocior euro.

a donnés ou qui résultent de leur position, ils sont *contens* et par conséquent aussi heureux qu'ils puissent l'être. — Les seuls, les vrais malheureux sont les personnes qui, privées à-la-fois de fortune, de santé, de talens, de protecteurs et d'amis, se voient livrés à la misère, à l'abandon, ou à la merci d'autrui : alors c'est à vous, gouvernemens éclairés et humains, à suppléer au secours des ames sensibles, en offrant d'honorables asyles à la foiblesse, à l'indigence et au malheur.

Un des plus commodes et des plus sûrs instrumens du bonheur dans toutes les conditions et dans presque toutes les circonstances de la vie, c'est l'occupation, ou un travail modéré, et selon son goût. Il n'est point de chagrins auxquels le travail n'apporte une douce trève. Il nourrit l'homme, le console, et le soustrait à l'ennui et aux maladies ; il est la ressource la plus assurée dans tous les âges ; il est le père des arts, des sciences, de l'industrie, du commerce, de la civilisation et de la richesse des nations, et la cause productrice de toutes les jouissances particulières ou publiques. Que pouvoit-il faire de plus ? — Le travail est donc l'ami et le bienfaiteur de l'homme : cela est si vrai, que ceux qui par leur position n'ont pas d'occupations forcées, sont obligés de s'en créer s'ils veulent supporter le fardeau de la vie, car l'oisiveté est la plus rude des fatigues.

L'homme qui n'a rien, s'occupe et travaille pour acquérir du bien ; l'homme riche s'occupe à dépenser son bien de la manière qu'il croit la plus avantageuse ou la plus agréable ; son travail est l'art de jouir, comme celui du premier est l'art d'acquérir des moyens de jouissances, et peut-être le problême de celui-ci n'est-il pas moins agréable à résoudre que celui de l'autre : il est doux de ne devoir ses plaisirs qu'à son travail, à son talent, et de les voir croître avec eux. L'heureux architecte qui élève lui-même peu-à-peu l'édifice de sa fortune, me paroît, à bien des égards, plus digne d'envie que le consommateur maladroit qui souvent le détruit rapidement en se détruisant lui-même.

Le riche est, sans contredit, l'homme qui auroit le plus de jouissances s'il savoit jouir avec modération, avec raison, parce qu'il a le plus de moyens de flatter tous ses sens, et en écartant les épines de la vie, de n'en garder ou de n'en cueillir que les fleurs. Sa table toujours couverte d'animaux et de végétaux, de quadrupèdes, d'oiseaux, de poissons, de fruits, de vins, de liqueurs, en un mot des plus délicieuses ou des plus rares productions de la nature en tout genre, lui offre chaque jour le moyen de satisfaire son goût d'une manière saine, agréable et variée ; les produits de tous les arts naissent à sa voix, et s'unissent pour embellir ses jours : lui seul peut avoir de brillans jardins, des maisons de ville et de campagne, et jouir de tout en parcourant l'Europe et en s'arrêtant sur les divers points du globe les plus rians, les plus intéressans et les plus utiles à connoître. L'intérieur de ses maisons rempli de livres, de tableaux, de statues, enfin de toutes les productions de la nature et du génie, peut le distraire et l'amuser continuellement : il peut joindre dans ses ameublemens et ses équipages l'élégance à la commodité, etc. : en un mot, nul ne peut mieux que lui goûter ce qu'il y a de bon dans la vie, et laisser de côté ce qu'il y a de mauvais.

Qu'on n'aille point conclure de là que le riche seul est heureux et le plus heureux des hommes, il s'en faut de beaucoup. La trop grande facilité qu'il a pour jouir en tout genre, use de bonne heure ses organes; le tems qu'il met à préparer et à exécuter ses projets de jouissance, l'empêche de se livrer à l'étude, et lui enlève l'immense félicité des grandes contemplations scientifiques, pour lesquelles il est rare qu'il ait conservé assez de force de tête. Il n'a guère que les plaisirs réservés au toucher, à l'ouie, à l'odorat et au goût; il a bien les jouissances extérieures que donne le sens de la vue, et cette classe de sensations est même pour lui comme pour la plupart des animaux, une des plus brillantes et des plus étendues; mais ne sachant pas pour l'ordinaire réfléchir et penser, il glisse sur la surface des choses, sans pouvoir les approfondir : le cerveau, principal organe des jouissances intellectuelles et morales, est souvent foible et détraqué chez lui : il auroit besoin pour se distraire de choses toujours nouvelles, et les efforts des arts réunis, joints à la puissante fécondité de la nature, ne peuvent venir à bout de le soustraire à l'ennui, un des plus grands fléaux des classes riches. Elles ont pourtant plus de moyens que les autres de l'éviter en se créant de nouveaux plaisirs; mais comme dans leurs jouissances la plupart des hommes riches sont entièrement passifs, ils sont aussi, par cette raison, dépendans de tout ce qui les entoure; les instrumens de leurs plaisirs trop compliqués, trop embarrassans, sont hors d'eux, on peut les leur ravir; ils sont forcés, pour les conserver, de les payer fort cher; et malgré tous les moyens qu'ils emploient, il reste encore dans le jour bien des momens dont ils ne savent que faire, et c'est alors le tems de l'ennui pour les hommes et des vapeurs pour les femmes, maladies d'autant plus terribles que les organes sont plus délicats, plus irrités et plus fatigués par la jouissance.

Parmi les riches il en est qui ont des lumières et des talens, et ce sont les plus heureux, car les jouissances que l'on sait se procurer soi-même valent presque toujours mieux que celles qu'on peut recevoir des autres. Vivent les plaisirs qui ne nous rendent point trop dépendans, sans même excepter celui des femmes, l'un des plus grands sans doute, mais auquel on ne peut aussi trop s'abandonner sans détruire sa santé et la force de sa tête, et perdre un tems qui seroit plus utilement consacré aux sciences et aux arts.

Pour résoudre parfaitement ce problême *quel est le plus heureux des hommes*, il faudroit, en parcourant tous les chaînons de la société, depuis le pâtre jusqu'au monarque, pouvoir décomposer et analyser la tête et le cœur de chaque individu; dresser un tableau exact de ses idées, de ses sentimens habituels et de ses actions, et par conséquent aussi de ses plaisirs et de ses peines ; alors en voyant, pour ainsi dire, à nu toutes les ames, on verroit clairement quels sont, pour chaque personne et pour chaque condition, les élémens du bien et du mal, et celui-là se trouveroit être le plus heureux qui, durant tout le cours de la vie, auroit joui de la plus grande dose de bonheur absolu et relatif. Mais l'on sent bien qu'une pareille analyse ne peut jamais se faire qu'à peu-près, 1°. parce que l'on ne sait jamais bien ce qui se passe au fond des cœurs ; 2°. parce que les plaisirs et les peines sont, pour chaque individu, des quantités fort variables, et qui ne peuvent guère se comparer. On sait seulement qu'il y a des conditions où le bonheur absolu est plus grand que dans les autres, parce qu'il y a plus de plaisirs d'attachés ; mais le bonheur relatif est souvent moindre, parce que les peines, les soucis et les inquiétudes y sont plus multipliés. Si les grandes places offrent de grandes jouissances, elles entraînent aussi de grands dangers, de cuisans chagrins, et ne sont la plupart du tems qu'une dure et brillante servitude. Souvent un ministre, un roi, ne sont pas les hommes les plus heureux de l'état : car le contentement et le repos de l'ame sont, pour la plupart des individus, la principale source du bonheur, et ce bonheur ne peut guère être goûté par l'homme qui occupe les premières places. Le gouvernement des hommes est toujours orageux et pénible pour qui veut faire le bien ; l'on paie cher le dangereux honneur de commander aux autres ; l'on est sans cesse en butte à l'envie et à la haine de ses concitoyens ou de ses sujets, et souvent l'ingratitude du peuple devient le prix des efforts qu'on a faits pour le rendre heureux. Si le destin des plus grands hommes, des princes les plus justes et des magistrats les plus vertueux, est d'ordinaire si peu desirable, quelle idée doit-on donc se faire de celui d'un despote ou d'un tyran (1) ?

Le bonheur est, sans contredit, plus facile et plus sûr dans un état mitoyen; mais ce paisible bonheur n'est pas du goût de tout le monde. Chacun court après celui qui est analogue à ses passions, à son tempérament : il est des hommes fortement organisés pour qui c'est un besoin de vivre dans l'agitation et les orages, pareils au brave marin qui se plaît au milieu des mers hautes et tempêtueuses : il est des ambitieux dont la devise est *tout ou rien*, comme il est de petits intrigans qui, pour arriver à une place obscure que souvent ils finissent par remplir assez mal, n'ont pas rougi de parcourir durant nombre d'années un cercle obscur de procédés vils, de bassesses et de platitudes. Ce qui fait les délices de l'un feroit souvent le supplice

---

(1) Districtus ensis, cui super impiâ
Cervice pendet, non siculæ dapes
Dulcem elaborabunt saporem,
Non avium citharæque cantus
Somnum reducent. Somnus agrestium
Lenis virorum non humiles domos
Fastidit; umbrosamque ripam,
Non zephyris agitata tempe.

de l'autre ; chacun a ses idées, ses goûts, ses penchans, son genre de bonheur, et sa manière de se le procurer : *trahit sua quemque voluptas.* Il ne faut donc pas songer dans un sujet aussi compliqué, aussi variable, à établir une théorie exacte, car c'est la chose impossible : ce que je dis ici sur cette matière, est donc moins pour résoudre le problême que pour indiquer la manière d'en venir à bout, et en posant bien l'état de la question, faire sentir l'inutilité ou le ridicule des longues dissertations des anciens philosophes sur ce sujet.

Au sein de ce nombreux tourbillon d'hommes s'agitant pour saisir le bonheur, l'œil distingue et contemple avec plaisir une classe de gens simples, tranquilles et laborieux (ce sont les philosophes ou les savans illustres, les gens de lettres distingués et les grands artistes) : héros paisibles, ils ne mettent point leur gloire à diriger des partis, des factions, des cabales, enfin à ravager, bouleverser et à ensanglanter le globe (1), mais à l'observer, à le parcourir, à le mesurer, à le décrire, à analyser ses productions naturelles, ainsi qu'à les multiplier, à les améliorer ou à les embellir par la culture et l'imitation. Créateurs de ce monde artificiel qui s'élève à l'ombre de la paix, et qui est la source de l'abondance,

(1) Je parle ici des gens tels qu'ils devroient être, et je sens que par malheur ce que je dis est loin de pouvoir toujours s'appliquer aux gens tels qu'ils sont ; mais alors ceux-ci ne méritent plus les titres de philosophe, de savant et d'homme de lettres.

l'abondance, de la puissance, de la richesse et de la félicité publiques, principaux auteurs de tout ce qu'il y a de bon dans les sociétés, ils ne possèdent que l'art heureux de détruire ce qui est mauvais, et de concert travaillent lentement, mais sûrement, à améliorer le sort de l'espèce humaine, en rendant leurs semblables et les gouvernemens eux-mêmes meilleurs ou plus justes. Souvent ces gouvernemens ingrats les méconnoissent et les persécutent; mais leur devoir à tous (j'ajouterai même leur véritable intérêt) n'en est pas moins de les protéger et de les honorer; qu'ils n'oublient jamais que les savans, les vrais philosophes sont les législateurs nés de la pensée (législation qui doit précéder ou perfectionner toutes les autres); et que pères et conservateurs des lumières nationales, ils le sont aussi de la vraie liberté qui en est la suite; que c'est à eux que l'on doit l'invention des meilleures lois et les plus utiles découvertes; et que s'ils ne sont pas toujours jaloux de jouer un grand rôle sur la scène du monde matériel et pratique, ils le sont beaucoup de régner en paix dans le monde intellectuel et moral dont ils ont créé les fondemens; que c'est à eux d'exercer sans bornes la plus belle de toutes les suprématies, celle des lumières; et que malgré la pauvreté qui presque toujours et par-tout accompagne le mérite obscur et modeste, les savans parvenus aux plus grandes hauteurs de l'esprit humain, sont encore beaucoup plus heureux que le stupide Crassus qui les méprise, que le tyran qui les opprime, et qui souvent tient leur corps dans les fers, sans que leur ame cesse d'être libre. Que les savans eux-mêmes n'oublient pas que dans toute société gouvernée par la raison et les lumières, ils sont appelés à jouer, s'ils le veulent, le premier rôle; et que dans une telle société tout législateur et administrateur ignorant est un opprobre et une sorte de monstre, puisque son ignorance peut compromettre la fortune et le salut publics; que ce sont eux enfin qui sont les dépositaires et les conservateurs naturels du droit sacré de la liberté de la presse, puisqu'ils sont les principaux possesseurs de la plus belle des propriétés, celle de la pensée:

> Ad summam sapiens uno minor est Jove, dives,
> Liber, honoratus, pulcher, rex denique regum.

Après cette petite digression, je reviens à mon sujet. Les savans et les artistes, ces deux classes d'hommes les plus sages et les meilleurs, sont donc encore les plus heureux, parce que la majeure partie de leur bonheur, résultant de la puissance de penser ou de la possession d'un ou de plusieurs talens qui les amusent en amusant les autres, est toute en eux, et ne sauroit leur être enlevée: loin d'être dépendans des autres, ils les rendent dépendans de leur esprit, de leurs connoissances et de leurs talens, dont les productions nous font jouir, nous consolent, nous instruisent et nous aident à supporter la vie: *libris ducere sollicita jucunda oblivia vitae.* (En effet, que seroient les sociétés sans les cultivateurs, les artistes et les savans (1)? des peu-

(1) Il n'est peut-être pas inutile d'observer qu'à la tête des sa-

plades sauvages). Comme d'ailleurs la plupart d'entre eux vivent dans les grandes villes et les capitales, ils ont, ainsi que les riches, le genre de bonheur qui naît d'une grande variété de sensations; ils ont, comme eux, les spectacles, les promenades, les muséum, enfin l'aspect magnifique d'une grande cité, et la vue non moins intéressante des campagnes qui l'environnent; et ils ont de plus qu'eux ce goût exquis qui les fait jouir avec délices, avec enthousiasme des monumens des beaux arts, au milieu desquels ils passent leur vie, et à la beauté desquels les premiers sont souvent insensibles, parce qu'ils ne sont pas assez instruits. D'ailleurs le plaisir qui est pour les riches un besoin de première nécessité, n'est pour eux que le délassement de leurs travaux journaliers : les intervalles qui existent entre le tems des repas et du sommeil (momens délicieux pour l'homme occupé), sont consacrés aux jouissances de la pensée, aux productions des beaux arts ; ils pensent même en mangeant et en dormant : l'ennui ne peut donc trouver d'accès chez eux ; et lorsqu'ils sont assez fortunés pour dépenser leur tems à leur gré, ils ont épuisé la coupe du bonheur dont la nature humaine est susceptible.

---

vans je place un habile ministre, un grand roi. La science d'un bon gouvernement est assurément la plus compliquée de toutes, et l'art de gouverner (comme il faut), est le premier des arts; c'est le résultat et l'accord heureux de tous les arts, de toutes les sciences, et de tous les talens.

La nature a donné au sage la possession de tout l'univers, en l'appellant à jouir de tout par ses connoissances. Pourquoi m'affligerois-je de ce que Versailles, les Tuileries ou le Luxembourg ne sont pas à moi? Que dis-je, ils m'appartiennent : ne puis-je pas m'y promener du matin au soir? Ne puis-je pas contempler à loisir ces formes célestes que m'offrent le marbre et le bronze? Pouvant y rêver, y méditer à mon aise, et m'enivrer à loisir par la contemplation de la belle nature et le sentiment du beau idéal; que me faut-il de plus? Suis-je moins heureux que ne le seroit un grand monarque propriétaire de ces superbes lieux? Ce n'est pas toujours le possesseur d'un bien qui en jouit le plus (cela est vrai pour presque toute espèce de possession); et heureusement pour les peuples, les gouvernans et les grands propriétaires ne peuvent guère jouir, d'une manière noble et raisonnable, sans faire jouir en même tems presque tout le monde. Suite heureuse de cette loi naturelle qui lie, par une chaîne nécessaire, les besoins, les intérêts, et les plaisirs des pauvres et des petits à ceux des opulens et des puissans, et qui empêchera toujours les plus mauvais gouvernemens d'être aussi détestables que la dureté, l'égoïsme et les passions effrénées de quelques hommes tendent souvent à les rendre.

On peut donc être fort heureux sans être riche; un peu d'aisance suffit. Puissent mes concitoyens, puissent les hommes être bien persuadés de cette utile vérité : puissent-ils être bien convaincus que la possession d'un talent vaut souvent mieux que celle d'une place ou d'une terre, dont l'acquisition, l'administration et la conservation entraînent une foule de tracasseries, de soins, d'inquiétudes et d'embarras; et puisse cette consolante conviction, déracinant la haine et l'envie de tous les cœurs, briser toutes les barrières qui pourroient s'opposer à ce rapprochement intime d'où résultent le charme de la sociabilité et le complettement du bonheur de la vie : puisse-t-elle aussi détromper ces hommes sottement avides qui, sans cesse occupés à entasser écus sur écus, semblent croire que le bonheur se mesure par le poids et le volume de l'or; les insensés! ils perdent leur tems à faire un métier de manœuvre, tandis qu'ils pourroient si bien l'employer, ainsi que leur or, à jouir en hommes raisonnables. Sans doute l'avarice a ses jouissances (sans cela y auroit-il des avares?); mais elles me paroissent fort tristes, et je ne suis guère tenté de les leur envier.

Ce n'est pas seulement dans les villes que l'on peut être heureux; on peut l'être de même, et quelquefois plus aisément et à meilleur compte, au sein des campagnes : si ce genre de bonheur est moins compliqué, moins bruyant, il est souvent plus économique et plus doux. A la vérité, le cultivateur, et en général l'habitant des campagnes, est privé de ce genre de bonheur, qui résulte de la quantité, de la variété des idées, des sentimens et des sensations, et qui est familier au physicien, au géomètre, au grand administrateur, à l'homme d'état, et généralement à tous les hommes exerçant de grandes places dans de grandes villes ; mais le peu de jouissances qu'il a sont, si je puis m'exprimer ainsi, de bonne qualité; elles sont toutes simples, toutes naturelles. Continuellement au milieu des flots d'un air pur, au sein de la lumière et de la verdure, il naît, vit et meurt au milieu des champs qu'il cultive, des végétaux qu'il fait naître, des animaux qu'il élève, et qui deviennent eux-mêmes ses pères nourriciers et les compagnons de ses travaux. Jouissant d'une santé robuste, il a le premier des biens et le principal instrument du bonheur. N'éprouvant pas les grandes agitations de l'ame, il n'a pas les plaisirs qui par fois en résultent ; mais aussi il n'éprouve pas les angoisses et les peines qui, plus souvent encore, y sont attachées. Le petit nombre de ses besoins, et la facilité qu'il a de les satisfaire, fait qu'il ne redoute pas les suites du mariage ; il se livre sans réserve à l'amour, dès que l'âge de l'amour est venu pour lui : il en goûte les charmes et les transports sans crainte et sans remords (1),

---

(1) Il est très-fâcheux que l'hymen qui, dans l'ordre de la nature et de la société, pourroit être, pour la plupart des hommes, la principale source du bonheur, puisqu'il permet de trouver réunis dans un même objet tous les charmes de l'amour et de l'amitié, soit devenu pour tant de monde (graces à la folie de nos institutions, à la contradiction de toutes les maximes de la morale et de l'éducation, au pouvoir supérieur de l'exemple et de l'opinion, presque toujours en opposition avec elles, enfin à nos mauvaises lois et à nos mauvaises mœurs) la source des plus grands chagrins, et la route presque

tandis que l'homme civilisé et vivant dans les villes, n'a souvent que des jouissances empoisonnées par la

---

assurée du malheur. Une femme et des enfans sont de bien doux trésors pour l'homme des champs, ils lui sont nécessaires pour embellir sa solitude et partager ses travaux; mais c'est souvent un lourd fardeau pour l'habitant des grandes villes, où les besoins multipliés d'une existence toute artificielle, la folie changeante des modes, l'extrême galanterie des femmes, et la dépravation des mœurs, peuvent rapidement absorber une fortune qui feroit en province, et sur-tout à la campagne, le bonheur de plusieurs familles. Pourquoi s'étonner alors qu'on n'épouse plus que les écus! Quiconque connoît son siècle et agit autrement, est tout au moins un imprudent; sans doute il est encore d'heureuses exceptions, mais c'est un lot brillant à la loterie sur lequel il ne faut pas trop compter. La Fontaine disoit :

> Que le bon soit toujours camarade du beau,
> Dès demain je chercherai femme;
> Mais comme le divorce entre eux n'est pas nouveau,
> Et que peu de beaux corps hôtes d'une belle ame
> Assemblent l'un et l'autre point,
> Ne trouvez pas mauvais que je ne cherche point.
> J'ai vu beaucoup d'hymens, aucun d'eux ne me tente;
> Cependant des humains presque les quatre parts
> S'exposent hardiment au plus grand des hasards,
> Les quatre parts aussi des humains se repentent.

Or l'homme qui raisonne, se repent le moins qu'il peut; de là le grand nombre de célibataires dans une certaine classe de gens. D'ailleurs quel homme honnête et conséquent auroit le courage d'être père sans avoir la certitude de donner le bonheur avec la vie; et qui ne sait combien (même sous le gouvernement le mieux consolidé et le moins imparfait) un peu de bonheur est rare et difficile à acquérir et à conserver! Que faire donc pour diminuer le nombre des partisans du célibat! Fera-t-on des édits pour ordonner de propager l'espèce, ou des lois somp-

crainte, l'inquiétude et les remords; et en voulant donner le change à la nature ou suppléer à ses plaisirs par des plaisirs tristes et faux, énerve chez lui le physique et le moral, détruit sa santé et ses idées, et souvent s'abrutit totalement. L'intrigue, l'ambition, l'envie, la haine, et toutes les passions violentes, brûlantes et douloureuses lui sont peu connues, ou du moins n'ont chez lui que très-peu de suite et d'énergie, tandis qu'elles font le supplice de l'habitant des villes, et sur-tout de l'homme en place; il goûte au contraire le bienfait de toutes les affections et passions douces; il est réellement bon fils, bon époux, bon père; en général son cœur est tendre, compatissant et même généreux, sur-tout quand le voisinage et l'exemple des grandes villes n'ont pas corrompu en lui ces mœurs heureuses qui résultent, ou peuvent toujours résulter de la pratique d'une morale saine et appropriée à sa position.

L'exercice et le travail continuel auxquels se livre le campagnard, par nécessité ou par goût, déve-

---

tuaires contre les gens non mariés; tout cela pourroit être bon s'il n'y avoit pas déja dans toute l'Europe beaucoup trop d'impôts sur toutes les têtes; mais il vaut beaucoup mieux, pour encourager la population, perfectionner les lois et l'éducation des femmes, alors on aura moins d'aversion pour un lien dont la nature n'a voulu faire qu'une douce chaîne, et qui seroit trop contraire au vrai caractère de l'homme, s'il étoit indissoluble; et les mœurs, ainsi que la chose publique, y gagneront, car il n'y a pas, toutes choses égales d'ailleurs, de meilleur citoyen qu'un bon père de famille.

loppe en lui (quand il n'est pas outré) toute la force du corps ; et en lui donnant des organes sains et vigoureux, lui réserve un fond précieux de vraies jouissances. Ce travail, en l'occupant continuellement, devient pour lui un heureux besoin ; il entretient sa force et sa gaîté, et le sauve de l'ennui, maladie redoutable, enfant d'un corps usé et de jouissances excessives, qui souvent conduit au désespoir et à la mort l'habitant des villes, mais que celui des campagnes ne connoît point, parce qu'il sait s'occuper et jouir avec modération des bons plaisirs de la nature : *o fortunatos, sua si bona norint, agricolas !* O campagnes, séjour fortuné, première patrie de l'homme et dernier asyle de l'amitié, de l'amour et de la bonne foi, douce retraite d'un sage qui a connu le monde et qui sait l'apprécier, j'ai pris naissance dans votre sein, et j'y retournerai mourir (1).

---

(1) Beatus ille qui procul negotiis
Ut prisca gens mortalium,
Paterna rura bobus exercet suis
Solutus omni fœnore ;
Non excitatur classico miles truci,
Nec horret iratum mare ;
Forumque vitat, et superba
Potentiorum limina.
Ergo aut adultâ vitium propagine
Altas maritat populos ;
Aut in reducta valle mugientium
Prospectat errantes greges ;
Inutilesque falce, ramos amputans,

L'homme vraiment instruit n'a que le bonheur de la vie actuelle : pour lui l'existence est un fleuve

---

Feliciores inserit :
Aut pressa puris mella condit amphoris,
Aut tondet infirmas oves
Vel cum decorum mitibus pomis caput
Autumnus arvis extulit,
Ut gaudet insitiva decerpens pira
Certantem et uvam purpuræ.
Libet jacere modo sub antiqua ilice,
Modo in tenaci gramine.
Labuntur altis interim ripis aquæ
Queruntur in sylvis aves
Fontesque limphis obstrepunt manantibus
Somnos quod invitet leves.
At cum tonantis annus hibernus Jovis
Imbres nivesque comparat ;
Aut trudit acres hinc et hinc multa cane
Apros in obstantes plagas :
Aut amite levi rara tendit retia
Turdis edacibus dolos,
Pavidumque leporem et advenam laqueo gruem
Jucunda captat præmia.
Quis non malarum, quas amor curas habet,
Hæc inter obliviscitur ?
etc.

Quel touchant et gracieux tableau de la vie champêtre dans cette épode d'Horace ! Malheur à qui ne trouve pas cela délicieux. Je ne connois rien dans notre langue que l'on puisse lui comparer, si ce n'est peut-être les vers suivans de notre bon La Fontaine, où se peint si bien l'ame paisible d'un sage heureux, et qu'on ne peut lire sans la plus douce émotion.

Si j'osois ajouter au mot de l'interprête,
J'inspirerois ici l'amour de la retraite ;

qui s'écoule entre deux limites qu'il ne connoît pas (la *naissance* et la *mort*), et au-delà desquelles il n'apperçoit rien ; il ne connoît que l'intervalle qui les sépare à mesure qu'il le parcourt, ou qu'il l'a parcouru : l'homme simple et religieux, outre ce même bonheur, peut encore avoir celui qui résulte de l'espérance d'une autre vie, doux Elysée où son imagination heureusement séduite lui fait entrevoir une félicité pure et sans bornes. Le cœur et les yeux attachés sur cette perspective imaginaire, il

---

Elle offre à ses amans des biens sans embarras :
Biens purs, présens du ciel, qui naissent sous les pas ;
Solitude où je trouve une douceur secrette,
Lieux que j'aimai toujours, ne pourrai-je jamais
Loin du monde et du bruit goûter l'ombre et le frais!
O qui m'arrêtera sous vos sombres asyles!
Quand pourront les neuf sœurs, loin des cours et des villes,
M'occuper tout entier et m'apprendre des cieux
Les divers mouvemens inconnus à nos yeux.
Les noms et les vertus de ces clartés errantes
Par qui sont nos destins et nos mœurs différentes :
Que si je ne suis né pour d'aussi grands projets,
Du moins que les ruisseaux m'offrent de doux objets,
Que je peigne en mes vers quelque rive fleurie.
La parque à filets d'or n'ourdira point ma vie :
Je ne dormirai point sous de riches lambris,
Mais voit-on que le somme en perde de son prix!
En est-il moins profond et moins plein de délices!
Je lui voue au désert de nouveaux sacrifices ;
Quand le moment viendra d'aller trouver les morts,
J'aurai vécu sans soins, et mourrai sans remords.

(Extrait de la fable intitulée : *Le songe d'un habitant du Mogol*).

en goûte d'avance tous les charmes et en fait plus gaîment le voyage de la vie, dont il supporte plus aisément tous les maux, et dont il voit arriver le terme avec l'indifférence d'un philosophe : tant il est vrai que l'imagination peut opérer sur une certaine classe d'hommes ce que la raison produit sur d'autres.

L'on ne peut donc s'empêcher d'avouer qu'une des classes les plus heureuses de la société est celle des bons cultivateurs ou des propriétaires aisés, qui joignent à quelques connoissances et au goût de l'étude l'indépendance que donne l'*aurea mediocritas :* comme d'ailleurs l'étendue des idées et des sensations agréables est un des élémens du bonheur dont les autres sont la *santé*, l'*aisance* et la *liberté*, il est clair que l'artiste, le savant, etc., qui peuvent réunir tous ces avantages-là, et vivre tour-à-tour et à leur gré à la ville ou à la campagne, sont à-peu-près les plus heureux des hommes ; et que, toutes choses égales d'ailleurs, l'*homme le plus heureux, c'est le plus raisonnable*, c'est-à-dire, le plus éclairé et le plus vertueux.

Telle est la conséquence où je voulois arriver et la solution du problême que je m'étois proposé. Je sais bien que pour la completter, j'aurois dû examiner plus à fond et parcourir en détail toutes les classes de la société, rechercher quelles sont les sensations habituelles qu'éprouvent (chacun dans leur condition) l'agriculteur, l'artisan, l'artiste, le savant, l'administrateur, le marin, le guerrier, le ministre et le législateur ; et dresser, autant que possible, le tableau des idées et des pensées qui les occupent journellement, ainsi que celui des sentimens et des passions qu'elles font naître ou qu'elles entretiennent; j'aurois pu alors assigner, avec une sorte de précision, le degré de connoissances et de bonheur dont jouit ou peut jouir chaque membre de la société, suivant la place qu'il y occupe. Mais l'on sent bien qu'outre l'énorme difficulté d'une telle entreprise (car qui peut se flatter de pouvoir au juste se mettre à la place de tant d'hommes différens, et d'avoir, pour ainsi dire, une ame universelle?), elle ne pourroit être que l'objet d'un ouvrage à part. Je n'ai donc voulu qu'établir ici quelques idées nettes sur une question qui intéresse tout le monde, et fournir quelques matériaux à celui qui voudroit la traiter plus à fond.

Au reste concluons de ce qui précède que l'homme formé par-tout des mêmes parties, et propriétaire des mêmes organes, ou du moins d'organes très-semblables, a ou peut avoir, dans toutes les classes de la société, une dose assez grande de bonheur relatif, quand il a du pain, une femme et des enfans qui l'aiment, et qu'il peut rendre heureux; quand il est libre et qu'il sait s'occuper, ou qu'il est employé par un gouvernement juste, ou par un particulier qui n'oublié jamais les égards qu'un homme doit à un autre homme; qu'enfin la liberté sage, et ne reconnoissant que la raison et les lois, étant un des principaux élémens et fondemens du bonheur, l'espèce humaine ne peut jouir de toute la portion dont elle est susceptible que dans les pays éclairés et libres, qui ne sont soumis qu'aux lois et à de bonnes lois, enfin qui sont embellis par les sciences, les arts et tous les heureux fruits de la civilisation, et gouvernés par de vrais philosophes, c'est-à-dire, *des hommes justes doués d'un grand génie.*

Fin de la seconde partie.

ERRATA.

PAGE 4, ligne 15, ces objets extérieurs, *lisez* les objets extérieurs.

Pag. 17, lig. 17, qu'on est moins sujet, etc. *lisez* qu'on a moins sujet.

[illegible] lig. 13, des lois absurdes de l'exemple, *lisez* des lois [illegible] de l'exemple, etc.

[illegible] ernière ligne, emblables, *lisez* semblables.

Pag [illegible] g. 9, plus trouver de contradiction, *lisez* plus trouver [illegible] ontradicteurs.

Pag. 98, lig. 23, ce seroit disposer, *lisez* ce seroit le disposer.

Pag. 150, lig. 12, ainsi que l'étude, *lisez* ainsi qu'à l'étude.

Pag. 177, lig. 14, et dans presque dans tous les pays, *lisez* et dans presque tous les pays.

www.ingramcontent.com/pod-product-compliance
Ingram Content Group UK Ltd.
Pitfield, Milton Keynes, MK11 3LW, UK
UKHW012011240726
13965UKWH00001B/294